Ing. Theodor Königshofer

Die Wicklungen elektrischer Maschinen

Allgemeinverständliche
Einführung in die Wicklungen und deren Wirken
in elektrischen Maschinen

Mit 166 Textabbildungen

Erweiterte 2. Auflage

Technischer Verlag Herbert Cram, Berlin
1969

Satz und Druck: Walter de Gruyter & Co., Berlin 30

Vorwort zur 1. Auflage

Dieses Buch ist hauptsächlich für Facharbeiter, wie Monteure, Installateure, Wickler oder allgemein für den Elektropraktiker bestimmt, und es sind daher keine mathematischen Vorkenntnisse erforderlich.

Über die Wicklungen von elektrischen Maschinen lassen sich Bände schreiben und es liegen auch Werke, z. B. von Prof. D. D. Dr. Sequenz, vor, die an Ausführlichkeit kaum noch zu überbieten sind. Diese vollständigen Werke setzen natürlich vom Leser theoretische Kenntnisse voraus, so daß sie für den ungeschulten Elektropraktiker nicht in Betracht kommen. Es gibt u. a. auch viele gute Fachbücher, die für den Elektromaschinenbauerberuf bestimmt sind, also vorwiegend für die in Reparaturwerkstätten Beschäftigten. In diesen Büchern werden besonders die praktischen Arbeitsvorgänge, die Arbeitsmethoden, die Hilfsmittel zur Herstellung von Wicklungen sehr ausführlich behandelt und die Wicklungsschemas angegeben. Es hätte also heute wenig Sinn, z. B. über die Wicklungen von elektrischen Maschinen in den aufgezeigten Richtungen noch ein Buch zu schreiben.

Für die große Anzahl von Elektropraktikern, eventuell auch für Berufsschulen, fehlt meines Erachtens aber noch eine Darstellung, die u. a. mit einfachen Mitteln solche Wicklungen leicht verständlich macht, die vorwiegend für den Elektropraktiker von Interesse sind.

Zweck und Ziel dieses Buches ist es nun, dem Praktiker nicht nur über die gebräuchlichsten Wicklungen einen Überblick zu geben, sondern sie ihm auch leicht verständlich zu machen.

Es wird zum besseren Verständnis der Wicklungen von den physikalischen Grundlagen, und zwar von den magnetischen Wirkungen des stromdurchflossenen Leiters und von der Wirkungsweise elektrischer Maschinen ausgegangen. Mit Hilfe einer einfachen Methode werden dann die gebräuchlichsten Wechselstromwicklungen, gleichgültig, ob es sich um eine ungesehnte oder gesehnte Ein- oder Zweischichtwicklung oder um eine Bruchlochwicklung handelt, auf einfache Weise entworfen. Auch die gebräuchlichsten Gleichstromwicklungen, einschließlich der künstlich geschlossenen Wellenwicklungen, werden ausführlich behandelt. Bei der Behandlung der Wirkungsweise von elektrischen Maschinen wurde auf die weitverbreiteten Lichtbogen-Schweißmaschinen Rücksicht genommen, weil darüber in der Literatur noch wenig und über allgemeine Maschinen schon erschöpfend viel gesagt wurde. Es vermittelt dieses Buch daher gleichzeitig auch die Grundlagen zu meinem Buche „Die Lichtbogen-Schweißmaschinen“ [1].

Theodor Königshofer

Vorwort zur 2. Auflage

Bei der 1. Auflage wurde bei den Erklärungen ein nicht übliches aber leichtverständliches Verfahren angewandt und es hat das Buch in dieser Form Anklang gefunden, so daß in der Neuauflage im Abschnitt I ... VIII (entspricht der 1. Auflage) nur unwesentliche Änderungen vorgenommen wurden.

Von den Buchbesprechern wurde die 1. Auflage nicht nur den Praktikern des Elektromaschinenbaues bestens empfohlen, sondern auch den elektrotechnischen Berufs- und Fachschulen als Lehrbehelf.

Weiter wurde angeregt in einer Neuauflage die Wicklungsauslegung auch mit Hilfe des Nutensternes zu behandeln, damit das Buch auch höheren technischen Lehranstalten als Lehrbehelf empfohlen werden kann.

Diese Anregung wird in der Erweiterung, und zwar im Abschnitt IX berücksichtigt. Außerdem wird im Abschnitt X noch die Herleitung von Bruchlochwicklungen aus Ganzlochwicklungen behandelt und die Wicklungsauslegung mit einem besonderen Verfahren (Ziffernsystem). Dieses Buch vermittelt gleichzeitig auch Grundlegendes zu meinem Buche „Die praktische Berechnung elektrischer Maschinen“ [2].

Theodor Königshofer

Inhaltsverzeichnis

VIII. Einphasige Anlaufwicklungen

IX. Wicklungsauslegungen mittels Nutenstern

X. Besondere Auslegungsverfahren ohne Nutenstern

XI. Wicklungsfaktoren der Oberwellen

I. Allgemeines über die Wirkungsweise elektrischer Maschinen

a) Der Leiter im magnetischen Feld

Bewegt man einen elektrischen Leiter in einem magnetischen Feld, dann wird in dem Leiter eine Spannung induziert. Führt man diese Spannung einem Stromverbraucher zu, z. B. einer Magnetspule, dann fließt in dem geschlossenen Kreis ein elektrischer Strom und es werden im folgenden die magnetischen Wirkungen von stromdurchflossenen Leitern, soweit sie für das grundlegende Verständnis von den Vorgängen in elektrischen Maschinen notwendig sind, so einfach wie möglich dargestellt.

b) Der stromdurchflossene Leiter

Der stromdurchflossene Leiter erzeugt um sich ein magnetisches Feld und es haben die Kraftlinien die in Abb. 1a und 1b dargestellte Richtung. Fließt also der Strom nach Abb. 1a vom Beschauer weg (in die Papier-

Abb. 1a

Abb. 1b

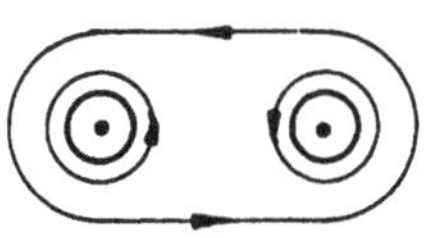

Abb. 2

Abb. 3

ebene hinein), dann verlaufen die Kraftlinien im Sinne des Uhrzeigers, und bei umgekehrter Richtung (Abb. 1b) haben sie die entgegengesetzte Richtung. Es stellt ⊗ das Ende und ⊙ die Spitze des Stromrichtungspfeiles dar. Aus Abb. 1, 2 und 3 folgt: Zwischen den beiden gegensinnig vom Strom durchflossenen Leitern (Abb. 1) haben die Kraftlinien dieselbe Richtung und es werden die beiden Leiter auseinandergedrückt. (Feld innen stark, außen schwach.) Zwischen den beiden gleichsinnig vom Strom durchflossenen Leitern (Abb. 2 und 3) haben die Kraftlinien die entgegengesetzte Richtung und es werden die Leiter zusammengezogen. (Feld innen schwach oder Null, außen stark.) Im ersten Fall stoßen sich also die Leiter ab und in den beiden letzten Fällen ziehen sie sich an.

Da die Spulenköpfe von elektrischen Maschinen stromdurchflossene Leiter sind (meistens Leiterbündel), treten bei den Wicklungen bzw. Spulenköpfen größerer Maschinen oft so große Kräfte auf, daß die Wicklung abgestützt werden muß, um Verbiegungen zu verhindern.

c) Elektromagnete

Wickelt man einen Leiter so, daß eine Spule entsteht (Abb. 4), so bekommt man im Innern ein fast gleichmäßiges, magnetisches Feld, und es schließen sich die Kraftlinien außerhalb der Spule. Dieses Feld zieht einen in die Nähe gebrachten Eisenkern in die Spule hinein. Es wirkt also die stromdurchflossene Spule als Elektromagnet. Die magnetische Wirkung wird vervielfacht, wenn man die Kraftlinien nicht durch die Luft, sondern über Eisen leitet, weshalb Elektromagnete immer so gebaut werden, wie es die Abbildungen 5 und 6 veranschaulichen. Bei Wechselstrom muß wegen der sonst zu großen Eisenverluste durch die Ummagnetisierung ein lamellierter Eisenkern für den magnetischen Kreis verwendet werden. Die Abb. 5 zeigt einen Hufeisenmagnet und es wird der Anker *A* bei Stromdurchgang durch die magnetische Wirkung angezogen. Die Abb. 6 zeigt den magnetischen Kreis einer Gleichstrommaschine oder einer Wechselstrom-Außenpolmaschine. Damit der Erregerbedarf, d. i. das Produkt aus Ampere mal Windungszahl = AW oder Amperewindungszahl, nicht zu groß ausfällt,

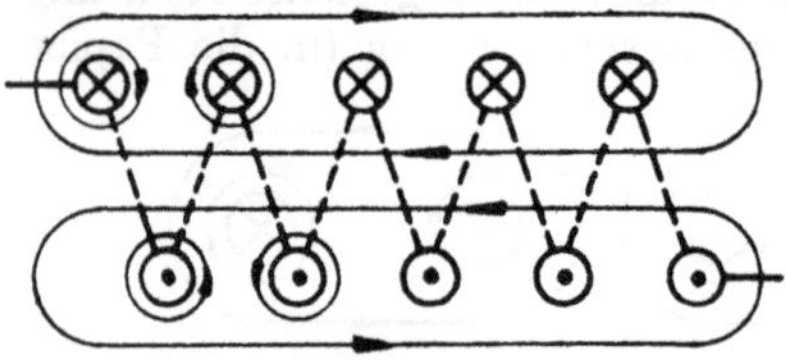

Abb. 4

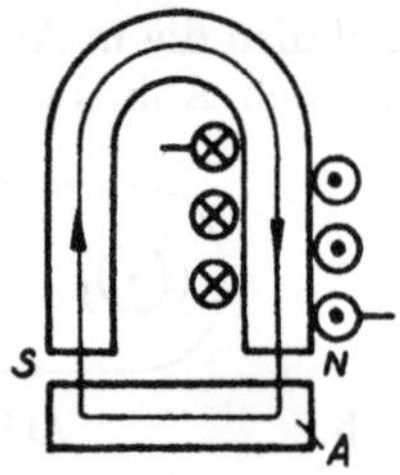

Abb. 5

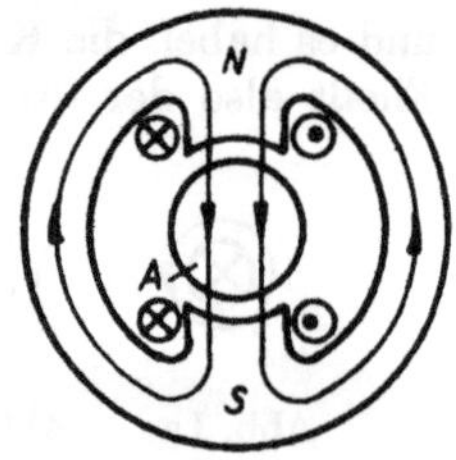

Abb. 6

wird der Luftspalt zwischen den Polen und dem Anker natürlich so klein wie möglich gehalten. Trotz des kleinen Luftspaltes ist der AW-Bedarf für den Luftspalt meistens größer als für den langen Eisenweg. Jede geringfügige Luftspaltvergrößerung wirkt sich daher bei den Magnetsystemen meistens nachteilig aus. Zum Beispiel würde sich bei einem Drehstrommotor der Magnetisierungsstrom, das ist angenähert der Leerlaufstrom, wegen des größeren AW-Bedarfes wesentlich erhöhen.

Werden die Spulen der Abb. 6 so wie angegeben vom Strom durchflossen, erzeugen sie ein Feld, das in der angegebenen Richtung verläuft, und es entsteht an der Polaustrittsstelle ein Nordpol *N* und an der Poleintrittsstelle ein Südpol *S*. Die Richtung des Feldes bestimmt man am einfachsten mit der rechten Hand (rechte Handregel) auf folgende Art:

„Der Pol wird mit der Hand so umfaßt, daß die Fingerspitzen bei der mit ⊕ bezeichneten Stelle in die Papierebene gerichtet sind. Es gibt dann der ausgestreckte Daumen (quer zur Fingerrichtung) die Richtung der Kraftlinien an.“

Demnach sind nach Abb. 6 die Kraftlinien von oben nach unten gerichtet und man erhält die angegebene Polarität. Das Magnetgehäuse besteht bei der Gleich- und Wechselstrom-Außenpolmaschine aus massivem Eisen, weil in beiden Fällen das Gehäuse von einem Gleichstromfeld durchflutet ist. Die Polschuhe werden u. a. auch aus fabrikatorischen Gründen aus gestanzten Blechen hergestellt. Der Anker, als induzierter Teil, muß in beiden Fällen, also bei Gleich- und Wechselstrom, aus lamellierten Blechen, die isoliert sind, bestehen. Bei Wechselstrom-Innenpolmaschinen ist natürlich der stehende Teil (Ständer) der Anker.

Bei einem einmal erregten Magnetsystem bleibt, wenn die Erregung abgeschaltet wird, ein Restmagnetismus zurück (Remanenz), der im wesentlichen von der Länge des Eisenweges und vom Material abhängig ist. Die Remanenz bewirkt eine Selbsterregung der Maschinen, wenn die schaltungsmäßigen Voraussetzungen gegeben sind.

d) Erzeugung des Gleichstromes

Mit der in Abb. 14 dargestellten Anordnung wird eine Wechselspannung erzeugt, deren Verlauf die Abb. 18 zeigt. Mit derselben Anordnung kann man auch eine Gleichspannung erzeugen, wenn man statt zwei Schleifringen nur einen geteilten Ring verwendet, wie es die Abb. 7 veranschaulicht. Der Anfang und das Ende der Spule *Sp* sind zu je einer Schleifringhälfte geführt und man bekommt auf diese Art einen Strom, der nur in einer Richtung fließt, also einen Gleichstrom, weil die Bedingung erfüllt wird, daß beim Richtungswechsel der Spannung, der in der neutralen Zone erfolgt, auch die Schleifringhälften unter den Bürsten *b* wechseln. Aus diesem Grunde müssen die Bürsten in der gezeichneten Lage stehen. Die beiden Schleifringhälften *s* bezeichnet man als Kommutator oder Stromwender. Die auf diese Art erzeugte Gleichspannung *E*, die an den Bürsten *b* abgenommen wird, ist sehr wellig, denn sie schwankt zwischen Null und Maximum, etwa nach Abb. 8, Kurve *a*. Führt man aber die Ankerwicklung nicht mit einer Spule und zwei Lamellen (Stegen) aus, sondern mit vielen Spulen und Lamellen (vgl. Ankerwicklungen, Abschnitt VI), dann bekommt man eine fast wellenfreie Gleichspannung, etwa nach Abb. 8, Linie *b*. Bei Belastung fließt der Strom immer in derselben Richtung von einer Bürste zur anderen und es ist die Strom-

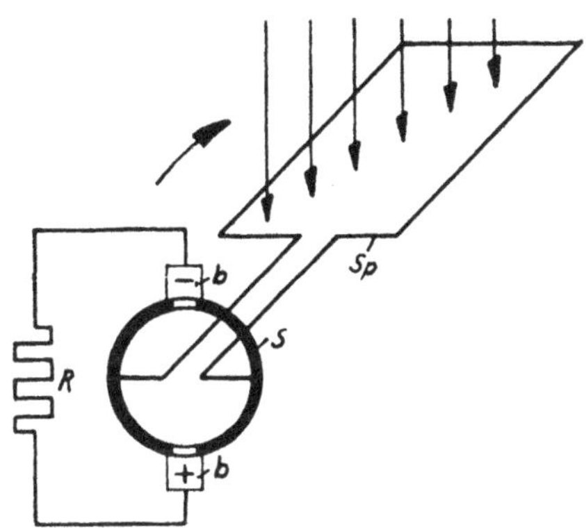

Abb. 7

austrittsstelle mit + und die Stromeintrittsstelle mit — bezeichnet. Demnach wird der in der Ankerspule fließende Wechselstrom in einen Gleich-

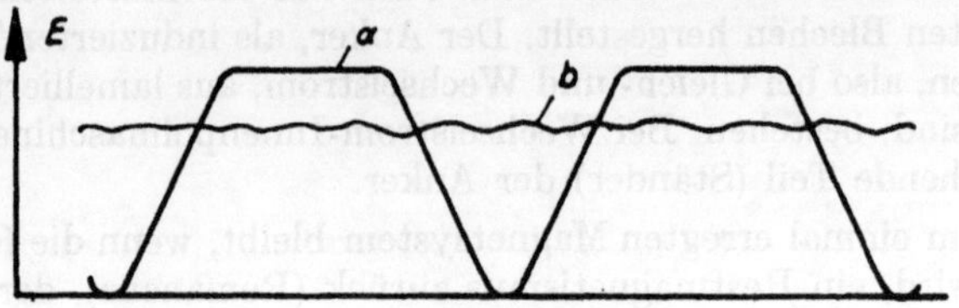

Abb. 8

strom verwandelt, d. h., der Stromwender oder Kommutator wirkt als Gleichrichter.

e) Das Ankerfeld und die Ankerrückwirkung

Die Abb. 9 zeigt wieder eine 2polige Gleichstrommaschine, und zwar mit der in Abb. 6 gezeigten Feldrichtung. Bewegt sich nun der bewickelte Anker im Sinne des Pfeiles, so wird in den Ankerstäben eine Spannung induziert, die an den Bürsten b—b' (Abb. 7) gemessen werden kann. Wird nun die Maschine belastet, etwa mittels des Widerstandes R in Abb. 7,

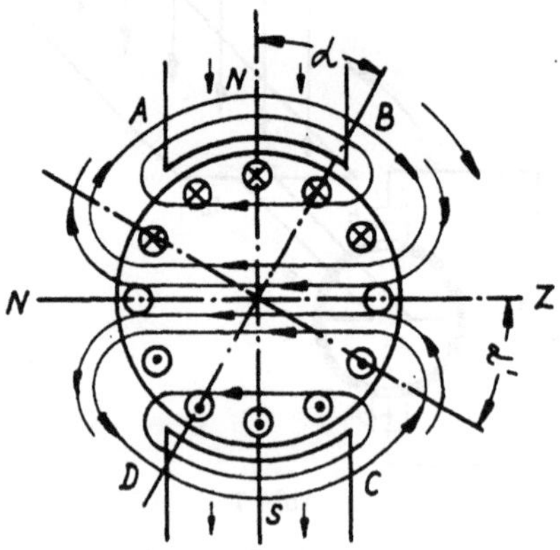

Abb. 9

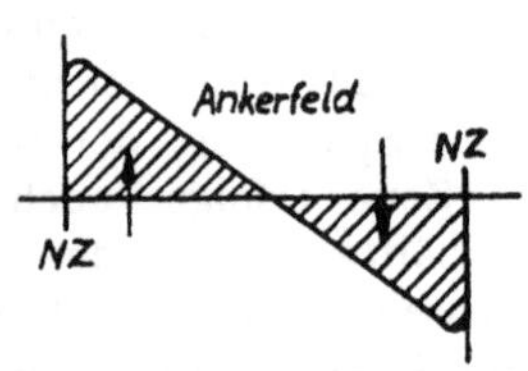

Abb. 9a

dann wird auch die Ankerwicklung von einem Strom durchflossen, und es erzeugt die Ankerwicklung genau so wie jeder stromdurchflossene Leiter ein magnetisches Feld, das sogenannte Ankerfeld. Die Richtung des Ankerstromes kann man wieder mit der rechten Handregel bestimmen. In diesem Falle wird die Hand so zwischen Pol und Anker gelegt, daß die Kraftlinien in die innere Handfläche eindringen. Der Daumen kommt in die Bewegungsrichtung und es gibt die Richtung der Fingerspitzen die Stromrichtung nach Abb. 9 an. Dieser Ankerstrom erzeugt nun ein Feld, dessen Richtung und Wirkung noch zu bestimmen ist.

Von Abb. 2 her wissen wir, daß das magnetische Feld zwischen den beiden gleichsinnig vom Strom durchflossenen Leitern sehr schwach ist und nach außen hin stärker wird. Das Feld der Ankerwicklung wird daher unter der Mitte der Pole Null sein, nach außen zunehmen und in der neutralen Zone, also dort, wo die Stromabnahme erfolgt, am stärksten auftreten (Abb. 9a). Man kann die stromdurchflossene Ankerwicklung natürlich auch wie eine Spule nach Abb. 4 behandeln und man bekommt dieselbe Kraftlinienrichtung oder Feldrichtung, und zwar von rechts nach links und quer zum Hauptfeld. Man bezeichnet daher dieses Feld als Ankerquerfeld und es wirkt als stillstehendes Feld induzierend auf die sich in Bewegung befindliche Ankerwicklung. Es entstehen dadurch mehrere Nachteile, weil das Hauptfeld verzerrt und in der sich in Kommutierung oder Stromwendung befindlichen kurzgeschlossenen Spule (Abb. 7) eine Spannung induziert wird. In der durch die Bürsten kurzgeschlossenen Spule wird vom Hauptfeld keine Spannung induziert, weil sie sich in diesem Augenblick parallel zu den Kraftlinien des Hauptfeldes bewegt.

Die Abb. 9 zeigt das Ankerfeld allein. Es schließt sich über die Hauptpole und schwächt auf der linken Seite das Hauptpolfeld (Gegenwirkung) und verstärkt es auf der rechten Seite (Mitwirkung), was durch Pfeile in Abb. 9a deutlicher ersichtlich gemacht ist. Dadurch wird das Hauptfeld verzerrt, d. h. die Felddichte unter den Polen ist nicht mehr gleich stark. Sie ist unter den Polspitzen A—C in Abb. 9 kleiner als unter den Polspitzen B—D, und es ist das resultierende Feld (allein vorhandenes Betriebsfeld) gegenüber dem Hauptfeld um den Winkel α verschoben. Demnach müssen auch die Bürsten um den Winkel α' verdreht werden, weil die neutrale Zone senkrecht zum resultierenden Feld stehen muß, um eine gute Stromwendung zu erhalten. Die Ankerrückwirkung bringt zwei Nachteile mit sich, und zwar eine Schwächung des Hauptfeldes und eine Vergrößerung der Lamellenspannung.

1. Schwächung des Hauptfeldes:

Bei magnetisch ausgenutzten Maschinen ist das resultierende Feld oder Betriebsfeld nicht übermäßig stark verzerrt, weil infolge der Sättigung des Eisens das Feld auf der einen Seite nicht im selben Ausmaß verstärkt wird, wie es auf der andern Seite geschwächt wird. Die Folge ist eine Schwächung des Hauptfeldes, das durch eine Bürstenverschiebung noch weiter geschwächt wird, weil die im Winkel β gelegenen Ankerstäbe dem Hauptfeld direkt entgegenwirken (Abb. 10), d. h., es tritt außer dem Querfeld noch ein Gegenfeld auf. Demnach kann man mittels Bürstenverschiebung die Stromstärke des Generators regulieren und es wird diese Art der Stromregulierung mitunter bei Schweißgeneratoren angewendet.

2. Vergrößerung der Lamellenspannung:

Zwischen einer positiven und einer negativen Bürste befinden sich $K/2p$-Stege, wenn mit K die Lamellen- oder Stegzahl und mit p die Polpaarzahl bezeichnet wird. Somit ist die

$$\text{Leerlauf-Stegspannung } E_0 \cong \frac{U}{\alpha} : \frac{K}{2p} \cong \frac{U \cdot 2p}{\alpha \cdot K} \text{ in V,}$$

wenn U die Klemmenspannung und α der Polbedeckungsfaktor ist. Bei Belastung wird die Lamellenspannung durch die Feldverzerrung vergrößert, weil in den Ankerspulen, die sich im verdichteten Luftspaltfeld befinden, eine höhere Spannung induziert wird und es ist $E_b \cong 1{,}2\, E_0$. Bei einem Motor mit Drehzahlregelung durch Feldschwächung (ungesättigte Maschine) kommt die Feldverzerrung aber voll zur Wirkung und es treten in den ein-

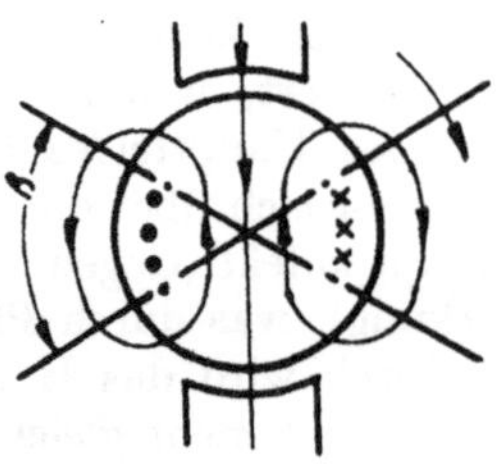

Abb. 10

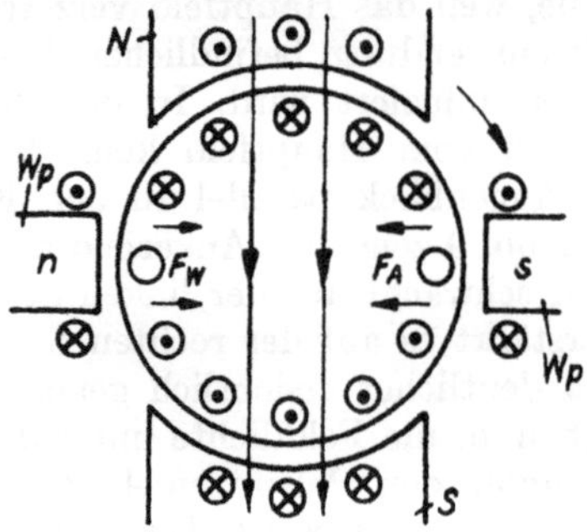

Abb. 11

zelnen Ankerspulen sehr verschiedene Lamellenspannungen auf. Man kann in grober Annäherung sagen, $E_b \cong E_0 \cdot \frac{n_r}{n}$, wenn n die Nenndrehzahl und n_r die geregelte Drehzahl ist.

Weil bei großen Lamellenspannungen Rundfeuer am Kollektor (Stromwender) auftritt, soll daher E_b kleiner als 30 Volt sein. Bei ganz kleinen Maschinen sind wegen des großen inneren Spannungsabfalles etwa 40 V noch unbedenklich.

Dem vorher Gesagten zufolge kann es besonders bei großen Drehzahlregelungen durch Feldschwächung vorkommen, daß der Grenzwert überschritten wird. In solchen Fällen muß die Feldverzerrung unter den Polschuhen verhindert werden und es geschieht dies mit einer Kompensationswicklung, die in Nuten der Polschuhe, wie in Abb. 11 gezeigt, angeordnet wird. Wählt man den Strombelag von Anker- und Kompensationswicklung im Bereiche der Polschuhe gleich groß, dann wird die Verzerrung natürlich restlos aufgehoben (die Felder haben entgegengesetzte Richtung) bzw. wird durch diese Kompensationswicklungsanordnung etwa $^2/_3$ von der Ankerrückwirkung aufgehoben, so daß in der neutralen Zone nur mehr ein stark geschwächtes Ankerfeld wirksam ist. Die Kompensationswicklungen sind sehr teuer, weshalb sie nur bei Spezialmaschinen angewendet werden, und man findet zur Bekämpfung des Ankerfeldes allgemein nur Wendepole *WP*, die zwischen den Hauptpolen angeordnet sind. Die Wendepole haben nicht nur die Aufgabe, das Ankerfeld bzw. die durch das Ankerfeld in der kurzgeschlossenen (stromwendenden) Spule induzierte Spannung e_b aufzuheben, sondern sie müssen außerdem noch die Stromwendespannung e_r, auch Reaktanz- oder Selbstinduktionsspannung genannt, in der stromwendenden Spule aufheben. Man nennt e_b auch Spannung der Bewegung und e_r die Spannung der Ruhe. Die Reaktanzspannung entsteht durch die zeitliche Änderung des Streuflusses während der Stromwendung in den von den Bürsten kurzgeschlossenen Ankerspulen, weil in diesen Spulen der Strom seine Richtung in kurzer Zeit ändert. Durch die Reaktanzspannung wird der für eine gute Kommutierung erforderliche Stromverlauf unter den Bürsten gestört und es können dadurch so große Stromdichten unter der Bürstenkante auftreten, daß Funken entstehen. Die Reaktanzspannung wird dadurch unschädlich gemacht, daß man mit dem Wendepolfeld noch eine zusätzliche Spannung in den kurzgeschlossenen Spulen erzeugt, die gleich groß wie die Reaktantspannung ist, aber die entgegengesetzte Richtung hat. In diesem Beispiel müssen also die Wendepole so vom Belastungsstrom durchflossen werden, wie es die Abb. 11 zeigt, wenn es sich um einen Generator handelt; es folgt also dem Nord-Hauptpol ein Süd-Wendepol. Bei Wendepolmaschinen können die Bürsten bei jeder Belastung und bei jeder Drehrichtung in der neutralen Zone verbleiben. Ohne Wendepole müssen die Bürsten mit der Belastung verschoben werden, weil sich die neutrale Zone, wie bereits erwähnt, durch die Feldverzerrung verschiebt.

Diesen Ausführungen zufolge ist also das Ankerfeld schädlich und es wird allgemein durch besondere Maßnahmen zum Verschwinden gebracht. Nun gibt es aber auch Maschinen, die das Ankerfeld bzw. die Ankerrückwirkung nutzbringend verwerten und unter dem Begriff „Querfeldmaschinen" zusammengefaßt werden. Derartige Ausführungen sind z. B. Lichtbogenschweißgeneratoren, weiter die zu vielfachen Regelzwecken verwendete Amplidyne.

f) Maschine mit Ausnutzung der Ankerrückwirkung

Wir haben festgestellt, daß bei einem normalen Gleichstromgenerator durch das Ankerquerfeld das Hauptfeld verzerrt wird und durch eine Bürstenverschiebung ein Ankergegenfeld entsteht. Beide Ankerfelder bewirken eine Feldschwächung, d. h. es wird auf diese Weise die Maschinenspannung durch die Ankerrückwirkung vermindert. Je größer man nun die Bürstenverschiebung macht, um so stärker wird natürlich das Ankergegenfeld und man kann daher mit einer verstellbaren Bürstenbrücke die Spannung bzw. Stromstärke einer Maschine regeln. Diese Möglichkeit wird bei den Schweißgeneratoren zur Regelung der Schweißstromstärke auch angewandt, etwa in der Weise, daß man über eine Zahnradübersetzung mittels eines Handrades die Bürstenbrille verstellt. Diese Vorrichtungen müssen natürlich sorgfältig ausgeführt werden, damit nicht aus mechanischen Gründen ein Bürstenfeuer entsteht.

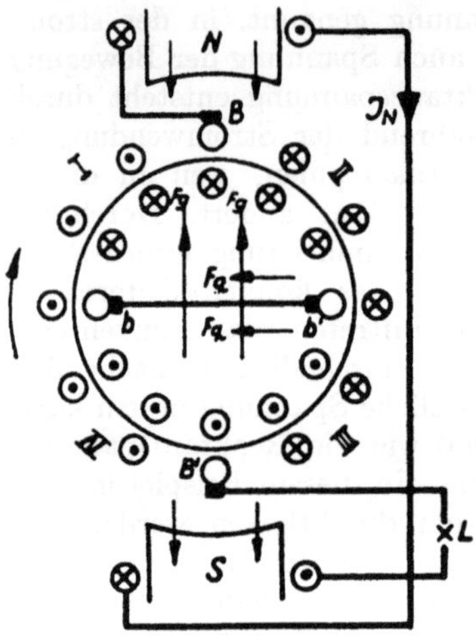

Abb. 12

Ordnet man aber z. B. bei einer zweipoligen Maschine ein zweites Bürstenpaar B—B' an (Abb. 12), das gegenüber dem in der neutralen Zone befindlichen Bürstenpaar b—b' um 90° versetzt ist, und schließt man das Bürstenpaar b—b' widerstandslos kurz, dann kann man auf diese Weise, also ohne Verschiebung der Bürstenbrille, die Maschinenspannung weitgehendst beeinflussen, weil das Querfeld in der Ankerwicklung auch eine Spannung induziert, die bei den Bürsten B—B' abgenommen werden kann. Wegen der üblichen Ausführung der Ankerwicklung nach Abb. 117b sind an der ausgeführten Maschine die Bürsten um 90° räumlich verschoben. Maschinen, die nach diesem Prinzip arbeiten, bezeichnet man, wie schon erwähnt, daher als Querfeldmaschinen; sie eignen sich u. a. wegen der einfachen Ausführung auch bestens als Schweißgeneratoren.

Bei der Querfeldmaschine nach Abb. 12 (die Ankerwicklung ist des leichteren Verständnisses wegen zweimal gezeichnet, und zwar für die Querfelddarstellung innen und für die Gegenfelddarstellung außen) ersetzen die Hilfsbürsten b—b', die miteinander verbunden sind, die Hauptbürsten an einer normalen Maschine. Bringt man den Anker in Bewegung, dann entsteht durch das Remanenzfeld wegen der kurzgeschlossenen Bürsten sofort ein kräftiges Querfeld F_q, das in der Ankerwicklung eine Spannung induziert, die an den offenen Hauptbürsten B—B' abgenommen werden kann. Wird der Hauptkreis z. B. durch den Lichtbogen L belastet, dann entsteht das Gegenfeld F_g (Bestimmung mit der rechten Handregel), das dem Hauptfeld entgegenwirkt. Der Nutzstrom J_N wird gleichzeitig durch die Serienerregung der Hauptpole geleitet, d. h. mit zunehmendem Nutzstrom wird das Haupt- und Gegenfeld verstärkt. Da die Ankerstreuung sehr klein ist, braucht man nur den Magnetkreis mit einer großen Streuung auszulegen, um zu erreichen, daß von einer bestimmten Stromstärke an das wirksame Ankerdifferenzfeld immer kleiner wird. Auf diese einfache Art kann man beispielsweise bei einem Lichtbogenschweißgenerator die Kurzschlußstromstärke (bei jeder Zündung wird die Maschine kurzgeschlossen) auf einen unschädlichen Wert bringen bzw. eine fallende statische Charakteristik herstellen. Die Abb. 12 veranschaulicht, daß bei Belastung der Anker ungleich vom Strom durchflossen wird. So z. B. addieren sich die Ströme im Ankerviertel II und IV, und in den Vierteln I und III subtrahieren sie sich, was bei der Dimensionierung der Ankerwicklung zu berücksichtigen ist.

Die Querfeldmaschine ermöglicht auch noch auf eine andere einfache Weise die Stromregulierung in weiten Grenzen, und zwar rein magnetisch, also verlustlos und ohne Bürstenverschiebung [1].

g) Wirkungsweise des Gleichstrommotors

Wird der Motor an das Netz geschaltet, so wird die Magnetwicklung und der stillstehende Anker vom Strom durchflossen. Beide Wicklungen erzeugen bei der angenommenen Stromrichtung das in der Abb. 13 durch Pfeile angedeutete Feld. Die Ankerwicklung besteht der besseren Übersicht wegen nur aus einer Windung. Das Ankerfeld schwächt links oben und rechts unten das Hauptfeld, und auf der Gegenseite wird es verstärkt. Das Hauptfeld wird verzerrt und die Folge davon ist, daß die Kraftlinien, die sich wie gespannte Gummifäden verhalten, einen Druck (Moment) auf die Leiter ausüben, so daß sich der gelagerte Anker im verkehrten Uhrzeigersinne, also in der Pfeilrichtung, bewegt. Man kann die Drehrichtung auch mit der linken Handregel bestimmen. Damit die Bewegung erhalten bleibt, muß beim Überschreiten der neutralen Zone der Strom gewendet werden, was bei der Gleichstrommaschine der Stromwender oder Kollektor besorgt.

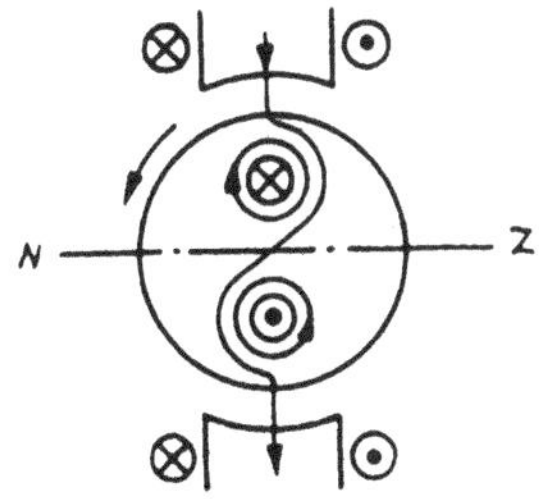

Abb. 13

Die Drehrichtung wird geändert, indem man entweder das Hauptfeld oder das Ankerfeld durch Vertauschen der Anschlüsse umkehrt. Bei einem Gleichstrommotor kann sich die Ankerrückwirkung (Feldschwächung) so auswirken, daß der Motor mit zunehmender Belastung immer schneller läuft und unter Umständen führt dies zum Kippen oder Durchgehen. Aus diesem Grunde werden Nebenschlußmotoren als Doppelschlußmaschinen ausgebildet, d. h. die Maschine erhält außer der Nebenschlußwicklung noch eine Hauptstromwicklung. Die Hauptstromwicklung ist gegenüber der

Nebenschlußwicklung sehr schwach (die Ampere-Windungszahl beträgt etwa 5% von der Nebenschlußwicklung) und sie bewirkt beim Motor, daß die Drehzahl mit zunehmender Belastung kleiner wird, wodurch ein stabiler Betrieb gewährleistet ist. In diesem Falle ist die Hauptstromwicklung, die vom Belastungsstrom durchflossen ist, gleichsinnig mit der Nebenschlußwicklung geschaltet, d. h., das Hauptfeld der Maschine wird mit zunehmender Belastung verstärkt, daher der Drehzahlabfall bei Belastung. Würde man diese Wicklung verkehrt schalten, so hätte dies eine Schwächung des Hauptfeldes zur Folge, der Motor würde mit zunehmender Belastung immer schneller laufen, d. h., der Motor beschleunigt sich in kürzester Zeit auf eine Drehzahl, die die Ankerwicklung gefährdet.

h) Erzeugung des Wechselstromes

Eine einfache elektrische Maschine dieser Art ist in Abb. 14 skizziert. Sie besteht aus dem Dauer- oder Permanentmagnet und aus dem Anker oder Läufer, der mit der Kurbel gedreht werden kann. Der Läufer hat zwei Nuten, in welche eine Spule eingelegt ist. Die Enden dieser Spule sind zu 2 Schleifringen, die sich mit dem Läufer mitdrehen, geführt, und es wird die induzierte Spannung mit je einer Bürste abgenommen.

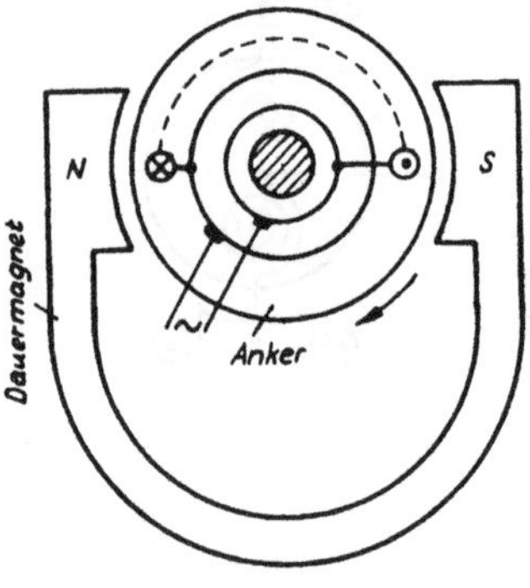

Abb. 14

In Abb. 15 ist das System einer vierpoligen Fahrrad-Lichtmaschine skizziert, das sich von der Bauart der Abb. 14 dadurch unterscheidet, daß die Wicklung nicht in Nuten, sondern auf ausgeprägten Polkernen angeordnet ist. Bei diesen Fahrraddynamos kann man nach längerer Betriebszeit häufig feststellen, daß die Lichtstärke abnimmt, was auf eine Alterung des Dauermagneten zurückzuführen ist. Durch eine Aufmagnetisierung kann die ursprüngliche Lichtstärke wieder hergestellt werden. Es ist auch üblich, diese Generatoren so zu bauen, daß das Magnetsystem rotiert, weiter mit größerer Polzahl, so daß man einen Wechselstrom mit hoher Periodenzahl, etwa 1000 Hz, erhält. In diesem Falle benötigt man keine Schleifringe, weil die Spannung vom stillstehenden Anker abgenommen wird. Derartige Geräte werden vereinzelt als Lichtbogen-Wechselstrom-Schweißgeneratoren auf den Markt gebracht.

Größere Maschinen arbeiten mit Elektromagneten, und es zeigen die Abb. 16 und 17 derartige Ausführungen.

Dreht sich das mit Gleichstrom erregte Polrad P der Abb. 16 im Anker oder Ständer A, so bewegt sich mit dem Polrad das durch die

Gleichstromerregung erzeugte und konstante magnetische Feld mit. Das rotierende Feld schneidet die in den Ankernuten eingelegten Leiter 1—1′ und es wird in ihnen eine Wechselspannung induziert. Kleinere Niedervolt-Generatoren baut man auch als Außenpolmaschinen nach Abb. 17. In diesem Falle bewegt sich der Anker im stillstehenden und konstanten Gleichstromfeld. Für die Erzeugung des Wechselstromes ist es also gleich-

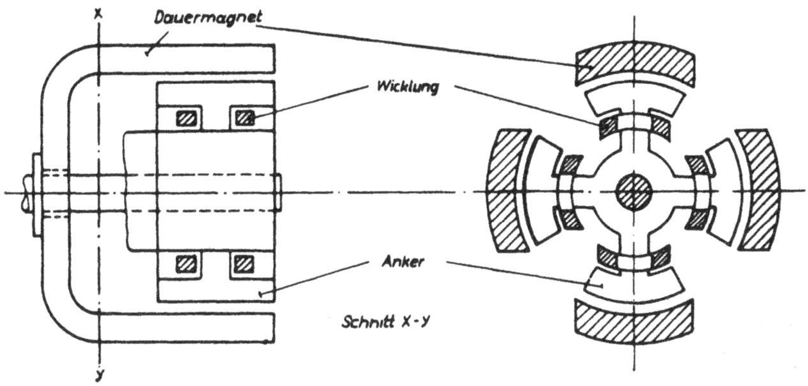

Abb. 15

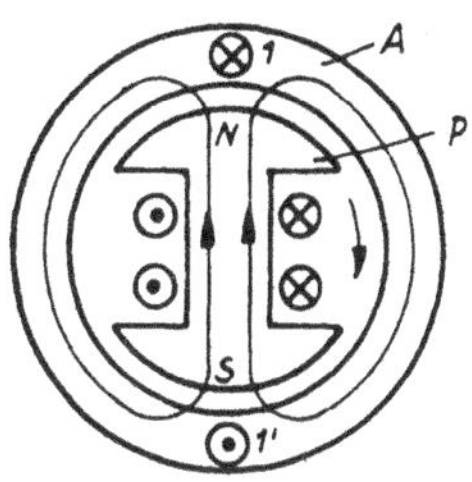

Abb. 16

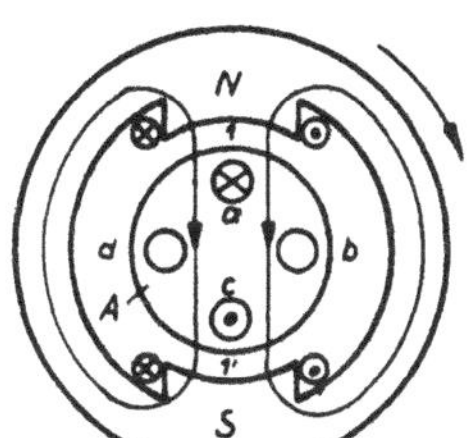

Abb. 17

gültig, ob sich das Feld oder der Läufer bewegt. Die Richtung des Polradfeldes in Abb. 16 bestimmt man mit der bereits besprochenen rechten Handregel. Die Richtung des Stromes in der belasteten Ankerwicklung kann man auch mit der Handregel bestimmen, nur ist zu beachten, daß bei der Drehung des Leiters die rechte Handregel und bei der Drehung des Magneten die linke Handregel anzuwenden ist. Man legt die Hand (je nach Maschinenbauart die rechte oder linke) so zwischen Pol und Anker, daß die Kraftlinien in die innere Handfläche eindringen. Der Daumen kommt, quer zu den Fingern gerichtet, in die Bewegungsrichtung und es gibt die Richtung der Fingerspitzen die Stromrichtung an. Mit diesen Regeln ergeben sich die in den Abbildungen eingezeichneten Stromrichtungen. Denkt man sich die beiden Leiter auf einer Seite durch einen Bügel miteinander verbunden, so entsteht eine Windung und man erhält die doppelte Spannung, weil die Spannungen in den Leitern entgegengesetzte Richtung haben und sich addieren. Um höhere Spannungen zu bekommen, sind viele Windungen, die allgemein als Wicklung bezeichnet werden, erforderlich.

Um die Wechselstromgesetze aufstellen zu können, ist es notwendig, den Verlauf des ein- und mehrphasigen Wechselstroms zu kennen, und es wird der besseren Anschaulichkeit wegen zur Schilderung des Vorganges die Abb. 17, also der Außenpolgenerator, gewählt.

1. Einphasiger Wechselstrom:

Befinden sich die Leiter 1—1′ der Abb. 17 in der gezeichneten Stellung *a*—*c*, dann wird in den Leitern die größtmögliche Spannung induziert, weil an dieser Stelle das Feld am dichtesten ist, und die Kraftlinien von den Leitern senkrecht geschnitten werden. In der Stellung *b*—*d* wird keine Spannung in den Leitern induziert, weil sie sich parallel zu den Kraftlinien bewegen. Über den Verlauf des Wechselstromes gibt nun die Kurven- oder Wellenlinie der Abb. 18 ein anschauliches Bild. Denkt man sich statt eines Leiters einen Zeiger OA in Pfeilrichtung bewegt (Abb. 18a), so dreht er sich auf einem Kreis herum und er legt nach einer Umdrehung einen Winkel von 360^0 zurück. $^1/_{12}$ Umdrehung (Stellung A_1) entspricht also 30^0, $^1/_6$ Umdrehung (A_2) 60^0 usf. Fällt man nach je 30^0 vom Ende des Zeigers A_1, A_2 usf. eine Lotrechte e, so gibt e immer den Augenblickswert der Spannung an. Die Spannungskurve der Abb. 18b erhält man aus Abb. 18a auf folgende Art:

Der Kreis wird aufgerollt, in Grade eingeteilt und es ist die Spannung bei $A = 0$, bei $A_1 = 30^0 = e_1$, bei $A_2 = 60^0 = e_2$, bei $A_3 = 90^0 = e_3$ usf. Man braucht daher nur die e-Werte der Abb. 18a in die Abb. 18b übertragen, um die Spannungskurve, die sinusförmig ist, zu bekommen. In Wirklichkeit weicht die Spannungskurve von der Sinusform etwas ab und es wird die Begründung im Abschnitt V gegeben. Von 0 bis 180^0 ist also die Spannung positiv gerichtet und von 180^0 bis 360^0 negativ. Sie nimmt dabei von 0 bis zum Maximalwert alle Werte an, und es ist e nichts anderes als der Sinus von $30^0 = 0{,}5$, von $60^0 = 0{,}866$ und von $90^0 = 1$, also

$$e_3 = E_{\max},\ e_2 = 0{,}866\ E_{\max}\ \text{und}\ e_1 = 0{,}5\ E_{\max},$$

weil $\sin\alpha = e/O—A$ ist.

Ist also von einem Wechselstrom die Rede, so kann es sich nur um einen mittleren Wert, wie er von den üblichen Meßinstrumenten angezeigt wird, handeln, weil Spannung E und Stromstärke J veränderlich sind. Es ist

$$E = 0{,}707\ E_{\max} \text{ und } J = 0{,}707\ J_{\max}$$

und es wird der mittlere Wert als Effektivwert bezeichnet. Unter Effektivwert eines Wechselstromes versteht man diejenige Stromstärke, die ein Gleichstrom haben müßte, um in einem Widerstand die gleichen Stromwärmeverluste hervorzurufen.

Die Zu- und Abnahme des Wechselstromes in einer und darauf in der anderen Richtung nennt man eine Periode, und man versteht unter Periodenzahl oder Frequenz die Anzahl der Perioden in einer Sekunde. Durch das Feld eines Polpaares entsteht bei einer Umdrehung eine Periode.

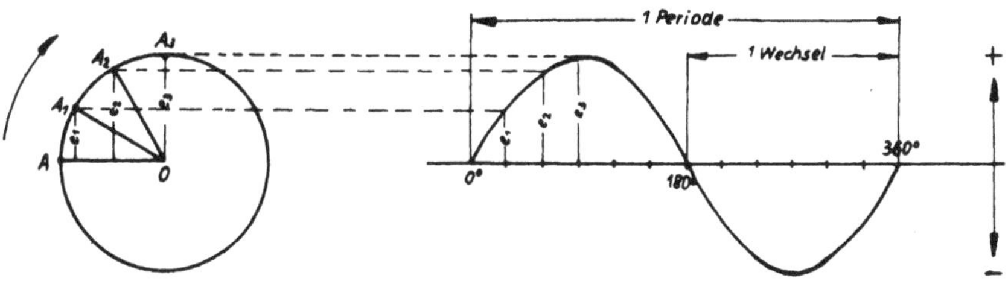

Abb. 18a Abb. 18b

Bewegt sich der Leiter in mehreren Polpaaren und mit n Umdrehungen in der Minute, so ist die Frequenz

$$f = \frac{p \cdot n}{60}, \text{ daraus } p = \frac{60 \cdot f}{n} \text{ oder } n = \frac{60 \cdot f}{p}.$$

Macht zum Beispiel ein 4poliger Generator mit $p = 2$ Polpaaren 1500 Umdrehungen in der Minute, so beträgt die Frequenz

$$f = \frac{p \cdot n}{60} = \frac{2 \cdot 1500}{60} = 50 \text{ Perioden in der Sekunde}$$

und es ist dies die übliche Periodenzahl. Nur bei den Vollbahnen werden z. Z. meistens noch $16^2/_3$ Perioden angewendet. Um $16^2/_3$ zu bekommen, müßte derselbe Generator also $n/3 = 500$ oder

$$n = \frac{16{,}66 \cdot 60}{2} = 500 \text{ Umdrehungen je Minute machen.}$$

Führt man die sinusförmige Wechselspannung U einem Stromverbraucher zu, dann erhält man einen Wechselstrom J, der praktisch auch sinusförmig ist.

Die Leistung N des einphasigen Wechselstromes berechnet man bei rein Ohmscher Belastung (Glühlampen) so wie bei Gleichstrom, also

$N = E \cdot J$. Bei induktiver Belastung (Motoren) ist noch der Leistungsfaktor $\cos \varphi$ zu berücksichtigen, und es ist $N = E \cdot J \cdot \cos \varphi$. Unter dem Leistungsfaktor versteht man die Phasenverschiebung zwischen Strom und Spannung, d. h. der Strom erreicht bei induktiver Belastung erst zu einem späteren Zeitpunkt seinen Maximalwert.

2. Zweiphasiger Wechselstrom:

Ordnet man in der Abb. 17 statt einer Spule zwei Spulen an, die gegeneinander um 90° versetzt sind, also lotrecht aufeinander stehen, so erhält man einen zweiphasigen Wechselstrom. Die Spannungen der beiden Spulen oder Phasen sind phasenverschoben und es beträgt die Phasenverschiebung 90° oder $^1/_4$ Periode. Zur Fortleitung des zweiphasigen Wechselstromes verwendet man meistens statt vier nur drei Leiter. Es werden die Anfänge oder Enden der beiden Phasen miteinander verbunden und als gemeinsamer Leiter benutzt. Dieser Leiter führt entweder die Summe oder die Differenz der Phasenströme, weshalb er einen stärkeren Querschnitt bekommen muß. Die Größe des verketteten Stromes findet man, wenn man die Strahlen $O\,I$ und $O\,II$ in Abb. 19 nach dem Parallelogramm zusammensetzt. Es ist J_v auch die Hypotenuse eines rechtwinkeligen Dreieckes, also $J_v = \sqrt{J_1^2 + J_2^2} = \sqrt{2 \cdot J^2} = J\sqrt{2} = 1{,}41\ J$, weil $J_1 = J_2$, und es ist für J_v der gemeinsame Leiter zu bemessen. Dasselbe gilt auch für die Spannung, d. h. zwischen den freien Phasenenden herrscht die verkettete Spannung $U_v = U\sqrt{2} = 1{,}41\ U$. Die Leistung des zweiphasigen Wechselstromes $N = 2 \cdot U \cdot J \cdot \cos \varphi$, wenn man mit U die Phasenspannung und mit J den Phasenstrom bezeichnet.

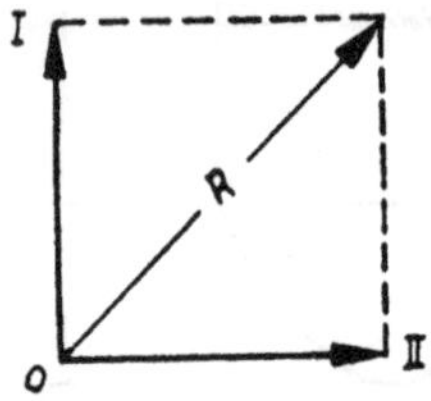

Abb. 19

3. Dreiphasiger Wechselstrom:

Ordnet man in einer zweipoligen Maschine nach Abb. 20a drei Leiter 1, 2 und 3 an, die gegeneinander um je 120° verschoben sind, so wird in jedem Leiter dieselbe Spannung mit der gleichen Frequenz erzeugt, mit dem Unterschied, daß sie untereinander um 120° oder um $^1/_3$ Periode phasenverschoben sind. Die Abb. 20a veranschaulicht die Größe und Richtung der induzierten Spannung in den einzelnen Leitern, und es sind der besseren Übersicht wegen die Verhältnisse noch im Wellendiagramm der Abb. 20b dargestellt. Die Diagramm-Konstruktion erfolgt für jeden Leiter auf dieselbe Art, wie sie in der Abb. 18 bei der Ermittlung des einphasigen Wellendiagrammes angewendet wurde. Die Spannung erreicht also in den drei Leitern zu verschiedenen Zeiten ihr Maximum, weiter bleibt die Form der einzelnen Wellen untereinander gleich. Es ist nun von größter Wichtigkeit, zu wissen, welcher Zusammenhang zwischen den drei Wechselströmen in einem bestimmten Augenblick besteht.

Fällt man z. B. im Wellendiagramm der Abb. 20b bei 90° eine Lotrechte, so gibt der Schnittpunkt mit den Wellen die Größe der Spannungen in diesem Augenblick an und es ist in

Phase 1 die Spannung $e = + \quad E_{max} = + 100\%$, in
Phase 2 $\quad e = -0{,}5 \cdot E_{max} = - \ 50\%$, in
Phase 3 $\quad e = -0{,}5 \cdot E_{max} = - \ 50\%$.

Ein anderer Fall. Eine Lotrechte bei 150° gibt folgende Werte:

Phase 1 die Spannung $e = +0{,}5 \cdot E_{max} = + \ 50\%$,
Phase 2 $\quad e = - \quad E_{max} = -100\%$,
Phase 3 $\quad e = +0{,}5 \cdot E_{max} = + \ 50\%$.

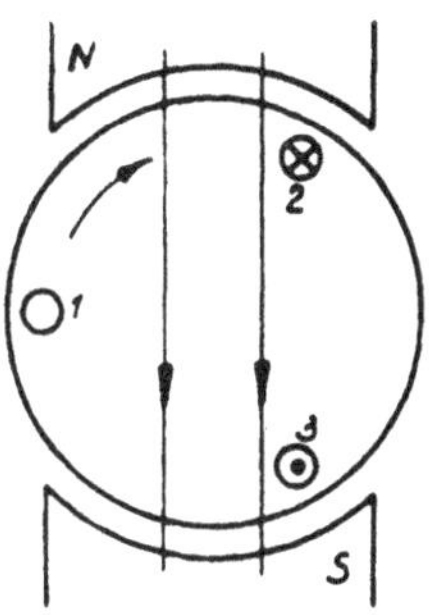

Abb. 20a

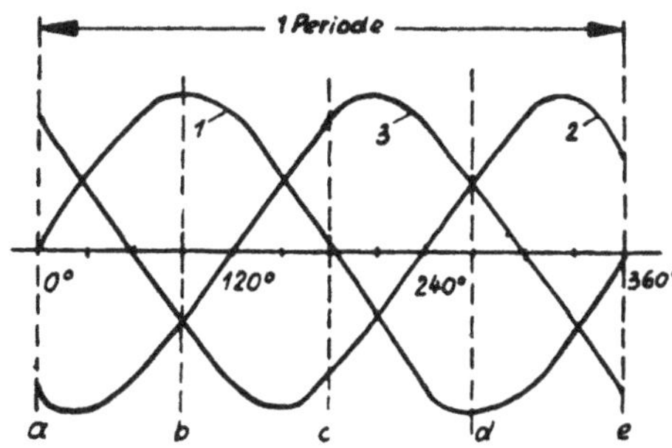

Abb. 20b

In beiden Fällen ist also die algebraische Summe der Augenblickswerte Null. Dieses Ergebnis erhält man in jedem beliebigen Augenblick, woraus folgt, daß die algebraische Summe der Augenblickswerte des dreiphasigen Wechselstromes für jeden Zeitpunkt gleich Null ist, und es wird diese Eigentümlichkeit praktisch wie folgt verwertet:

Ersetzt man die drei Leiter in Abb. 20a durch drei Spulen, so kann man der Maschine drei voneinander unabhängige Wechselspannungen entnehmen und es könnte jede Phase für sich belastet werden. Die praktische Anwendung dieses unverketteten Systems wäre sehr umständlich, weil zur Fortleitung sechs Leiter erforderlich sind. Man wendet daher das verkettete System an, das allgemein als Drehstromsystem bezeichnet wird. Es werden entweder die drei Anfänge oder die drei Enden der drei Spulen miteinander verbunden, und es entsteht dadurch der verkettete Drehstrom, der nur mehr drei Leitungen oder mit Nulleiter vier Leitungen zur Fortleitung des Wechselstromes benötigt. Dieser Kunstgriff kann angewendet werden; denn die algebraische Summe ist, wie bereits erwähnt, in jedem Augenblick Null. Die Verkettung erfolgt auf zweierlei Art, und zwar durch die Sternschaltung (Abb. 21) und durch die Dreieckschaltung (Abb. 22). Bei der Sternschaltung ist der Netzstrom und der in der Wicklung fließende Strom gleich groß, also J. Die Spannung zwischen Nullpunkt und irgendeiner Phase ist die Phasenspannung U und die Spannung zwischen zwei

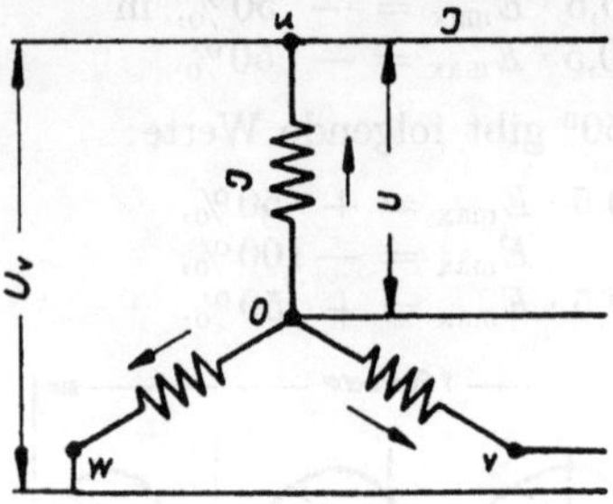

Abb. 21

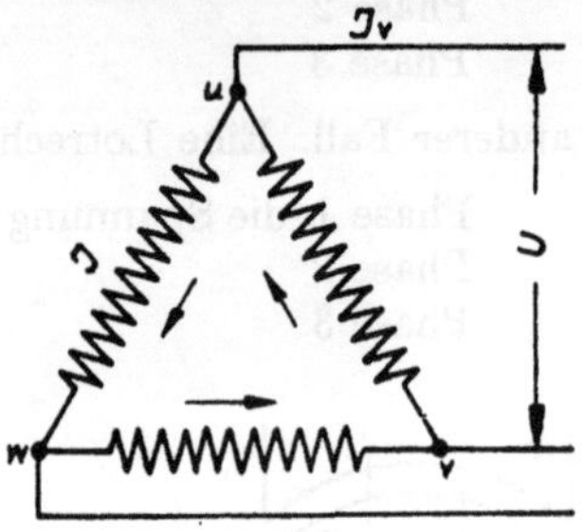

Abb. 22

Phasen ist die verkettete Spannung $U_v = U \cdot \sqrt{3} = U \cdot 1{,}73$. Man kommt zu diesem Ergebnis durch Addition der beiden um 120⁰ versetzten Phasen im Parallelogramm der Abb. 23. Weil die Enden von zwei Phasen im Sternpunkt zusammengeschaltet sind, sind die Spulen gegeneinander geschaltet

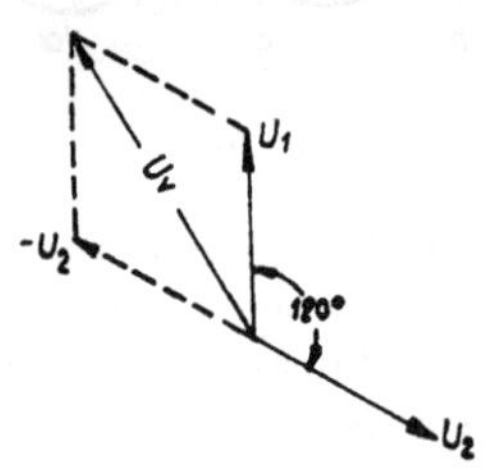

Abb. 23

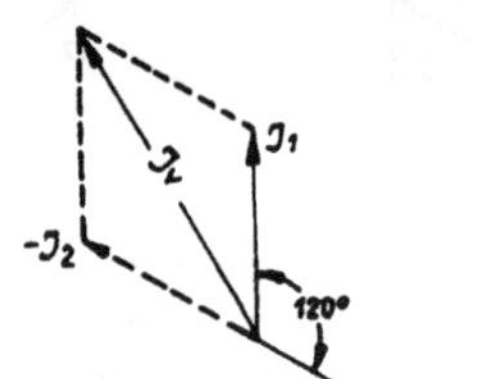

Abb. 24

(Pfeilrichtung), und es ist daher die Außenleiterspannung oder die verkettete Spannung als geometrische Differenz nach Abb. 23 zu ermitteln, indem man U_2 als $-U_2$ einsetzt. Diese Verkettung hat den Vorteil, daß zwei Spannungen zur Verfügung stehen, und man findet meistens 220 V zwischen Nullpunkt und irgendeiner Phase und 380 V zwischen zwei beliebigen Phasen.

Bei 220 V werden die Glühlampen und bei 380 V die Motoren angeschlossen. Die Kurzschlußläufermotoren werden, damit der Anlaufstrom nicht zu groß wird, meistens in Stern-Dreieckschaltung angelassen. Zu diesem Zwecke wird die Wicklung des Motors in der 1. Schaltstufe in Stern und in der 2. Schaltstufe in Dreieck geschaltet. Die in Stern geschalteten Phasen bekommen eine um $1 : \sqrt{3}$ verminderte Spannung, womit ein sanfter Anlauf (vgl. I j) bewirkt wird.

Sind die drei Phasen gleichmäßig belastet, so fließt im Nulleiter kein Strom, weil die drei Phasenströme, die im Sternpunkt vereinigt sind, sich gegenseitig aufheben.

Bei der Dreieck-Schaltung ist die Netzspannung und die Phasenspannung gleich groß, also U. In der Wicklung fließt der Phasenstrom J und im Netz der Strom $J_v = J \cdot \sqrt{3}$. Der verkettete Strom J_v setzt sich aus den Phasenströmen auf die gleiche Art zusammen wie die verkettete Spannung (Abb. 24). Die Leistung des Drehstromes ist daher

$$N = 3 \cdot U \cdot J \cdot \cos \varphi \text{ oder}$$
$$N = \sqrt{3} \cdot U_v \cdot J \cdot \cos \varphi \text{ (Sternschaltung) und}$$
$$N = \sqrt{3} \cdot J_v \cdot U \cdot \cos \varphi \text{ (Dreieckschaltung).}$$

Denn bei der Sternschaltung zeigt das Voltmeter zwischen zwei Phasen U_v an und bei der Dreieckschaltung das Amperemeter J_v.

i) Das Drehfeld

Das verkettete, dreiphasige Wechselstromsystem wird allgemein als Drehstromsystem bezeichnet, weil die drei Wechselfelder ein Gesamtfeld ergeben, das immer gleich groß bleibt, aber fortwährend seine Lage ändert

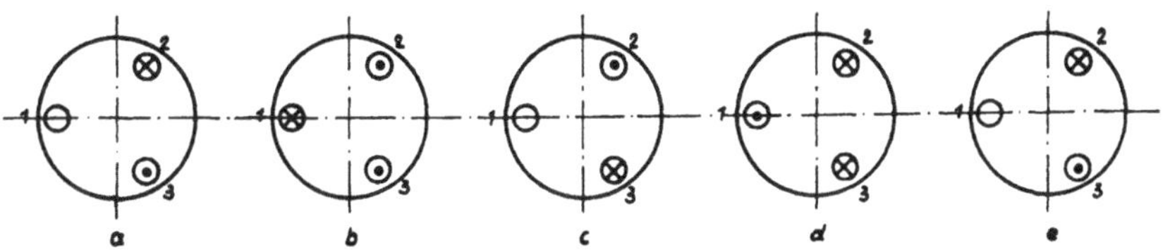

Abb. 25

bzw. sich bewegt oder dreht. Dem Drehfeld kommt die größte Bedeutung zu, weil u. a. der am meisten verwendete Motor ein Drehfeld- oder Drehstrommotor ist.

Legt man durch das Wellendiagramm der Abb. 20b z. B. bei *a*, *b*, *c*, *d* und *e* eine Lotrechte, so ergeben die Wellenschnittpunkte die in den Abbildungen 25 von *a* bis *e* eingetragenen Stromrichtungen in den einzelnen Leitern.

Ersetzt man die Leiter durch Spulen, so erhält man eine normale zweipolige Drehstromwicklung nach Abb. 26 von *a* bis *e* mit einer Nut je Spulenseite. Weil es sich um ein zweipoliges System handelt, liegen sich die beiden Spulenseiten je Phase räumlich um 180° gegenüber, und mit verkehrter Stromrichtung. Die einzelnen Spulen bzw. Phasen sind mit ——, — — —, —·—·— gekennzeichnet. Die Pfeile geben die Richtung des zwei-

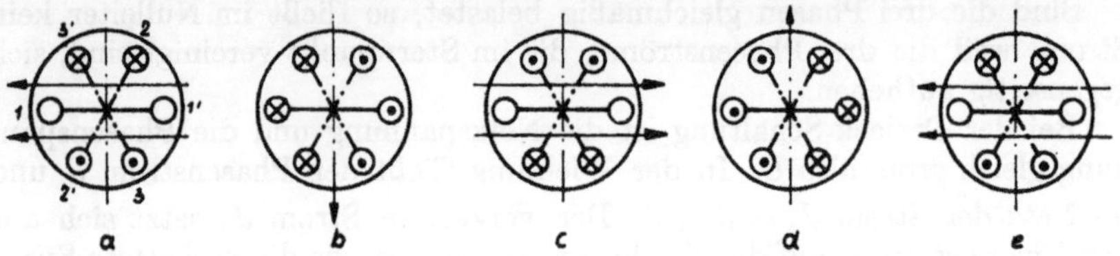

Abb. 26

poligen Feldes, die wir mit den bekanntgegebenen Regeln bestimmen können, an. Dieses Feld dreht sich während einer Periode einmal entgegen dem Uhrzeigersinn herum, daher der Name Drehfeld bzw. Drehstrom, und es beruht darauf die Wirkungsweise des Drehstrommotors. Interessant dabei ist, daß ein Drehfeld entsteht, obwohl die das Feld erzeugenden Amperewindungen, also die Ständerwicklung, sich in Ruhe befindet.

j) Wirkungsweise der Wechselstrommotoren

1. Drehstrommotor:

Es sind zwei Ausführungen, und zwar Kurzschluß- und Schleifringläufermotoren, üblich.

Kurzschlußläufermotoren

Diese Läufer haben eine bestimmte Anzahl von Nuten, in die meistens blanke Leiter eingeschoben werden. Die Läufernutenzahl ist immer kleiner oder größer als die Ständernutenzahl, weil eine Gleichnutigkeit Anlaufstörungen verursachen würde. Mit sogenannten Kurzschlußringen werden die einzelnen Stäbe auf beiden Stirnseiten miteinander verbunden. Die Verbindung wird meistens mittels Schweißung hergestellt. Es ist aber bei kleineren Leistungen bis etwa 50 PS üblich, derartige Wicklungen auch im Gießverfahren aus Aluminium herzustellen.

Wird der Ständer an das Netz geschaltet, dann wird in der stillstehenden und kurzgeschlossenen Läuferwicklung vom sinusförmigen Drehfeld eine Spannung induziert, die z. B. bei der direkten Einschaltung eine Stromaufnahme hervorruft, die etwa den sechsfachen Nennstrom erreicht. Es liegen hier dieselben Verhältnisse vor wie beim Innenpol-Wechselstromgenerator (Feld rotiert) und es kann daher bei der Ermittlung der Stromrichtung im Läufer die linke Handregel angewendet werden. Nimmt man z. B. an, daß das Drehfeld augenblicklich die in Abb. 26b gezeichnete

Richtung hat, dann erhält man die in Abb. 27 dargestellten Verhältnisse. Links oben und rechts unten schwächt das Läuferfeld das Drehfeld und auf der Gegenseite wird es verstärkt, d. h. der Läufer wird in der Pfeilrichtung in Bewegung gebracht. Läufer und Drehfeld haben also dieselbe Richtung und nach sehr kurzer Zeit angenähert auch dieselbe Geschwindigkeit. Wegen der Luft- und Lagerreibung bleibt der Läufer auch im Leerlauf etwas zurück und bei Belastung verstärkt sich das Zurückbleiben wegen der Läuferverluste. Es entsteht also nie ein Gleichlauf, weshalb man diese Motoren auch Asynchronmotoren nennt. Das Zurückbleiben bezeichnet man als Schlupf, der je nach Motorgröße bei Voll-Last etwa 1 bis 15% beträgt. Bei einem vierpoligen Asynchronmotor mit 5 PS wird der Drehzahlabfall bei Voll-Last etwa $\frac{1500}{100} \cdot 4 \doteq 60$ UpM betragen, weil die Drehfeld- oder synchrone Drehzahl

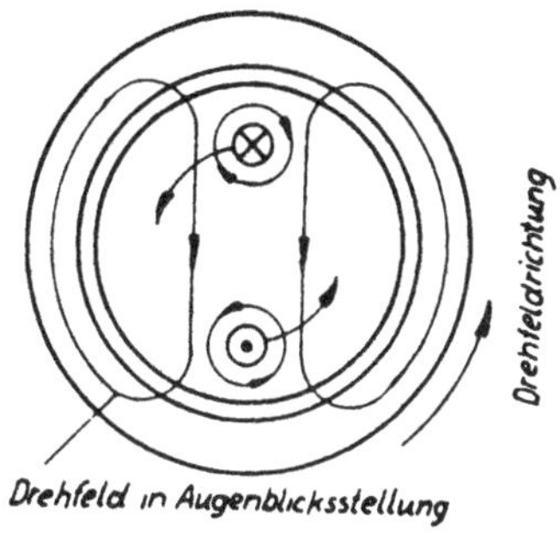

Abb. 27

$$n_s = \frac{60 \cdot f}{p} = \frac{3000}{2} = 1500 \text{ UpM}$$

ist und der Schlupf etwa 4% beträgt.

Um den großen, etwa sechsfachen Anlaufstrom bei der direkten Einschaltung zu vermindern, ist bei den Kurzschlußläufermotoren, wie bereits unter Ih) erwähnt, allgemein der ⅄/Δ-Anlauf üblich. Die Ständerwicklung ist bei dieser Anlaufmethode so ausgelegt, daß der Motor in der Dreieckschaltung mit dem vollen Feld arbeitet. In der Sternschaltung (1. Schaltstelle) bekommt jede Phase daher nur die 0,57fache Netzspannung ($1 : \sqrt{3}$) und es vermindert sich dadurch der Anlaufstrom auf etwa $^1/_3$, also auf den zweifachen Netzstrom. Denn der Strom verkleinert sich einerseits im Verhältnis der Spannungsverminderung und anderseits ist in der Sternschaltung der Netzstrom J_N = Phasenstrom J_p. In der Dreieckschaltung ist der Netzstrom bekanntlich $J_p \cdot \sqrt{3}$. Somit tritt eine Stromverminderung auf $\frac{1}{3} = \frac{1}{\sqrt{3}} \cdot \frac{1}{\sqrt{3}}$ ein.

Das Anlaufmoment vermindert sich in der Sternstellung auch auf etwa $^1/_3$, weil der Strom und das Feld um je $1 : \sqrt{3}$ kleiner werden oder, mit anderen Worten, das Anzugsmoment ändert sich quadratisch mit der Spannung. Die einfachen Käfigläufer mit Rundstäben entwickeln nur bei kleineren Leistungen ein hinreichendes Moment, weshalb für größere Leistungen allgemein Stromverdrängungsläufer, zum Beispiel Doppelkäfig-,

Hochstab- oder Keilstabläufer, gebaut werden. Für die Stromaufnahme beim Anlauf ist es praktisch belanglos, ob der Motor leer oder belastet anläuft, weil die Größe des Anlaufstromes in erster Linie von der Streuung, also vom Blindwiderstand, abhängt. Die Belastung (Gegenmoment) beeinflußt nur die Anlaufzeit, und es ist bei einem zu langsamen Hochlauf, z. B. bei Doppelkäfigläufern, der Anlauf- oder Außenkäfig gefährdet, weshalb man bei größeren Motoren den Außenkäfig meistens aus Messing statt aus Kupfer ausführt. Die Wärmekapazität ändert sich dadurch im umgekehrten Verhältnis mit der elektrischen Leitfähigkeit des Materials, d. h. sie wird etwa 3,5mal so groß, weil die Messingwicklung 3,5mal so schwer ist, wodurch unzulässige Überhitzungen beim Anlauf verhindert werden. Mit Stromverdrängungsläufern läßt sich bei direkter Einschaltung und etwa 5fachem Nennstrom ohne weiteres ein Anzugsmoment von 200%, d. i. das 2fache Nennmoment, erreichen.

Schleifringläufermotoren

Auch bei dieser Bauweise ist die Läufernutenzahl größer oder kleiner als die Ständernutenzahl. Meistens werden die Läuferwicklungen 3phasig als Ganzlochwicklungen ausgeführt, und zwar in ⅄ oder Δ-Schaltung. Die drei Wicklungsanschlußenden der in ⅄ oder Δ geschalteten Wicklung sind zu drei Schleifringen geführt, und von diesen erfolgt über Bürsten der Anlasseranschluß. Die Metallanlasser sind meistens in Stern geschaltet, und es ist in der ersten Anlaßstufe jeder Phase der höchste Widerstand vorgeschaltet und in der letzten Stufe sind die drei Läuferwicklungsenden kurzgeschlossen. Um den Bürstenverschleiß im Betrieb zu verhindern, sind die Schleifringgarnituren meistens mit Bürstenabhebe- und Kurzschlußvorrichtungen ausgestattet. Die Widerstände dienen nicht nur zum Anlassen des Motors, sondern auch zur Drehzahlregelung (Schlupfregler) oder um ein bestimmtes Anzugsmoment herzustellen. Bis zum Kippmoment, d. i. das maximal erreichbare Moment des Motors, kann man mit dem Anlaßwiderstand bei mäßigem Anlaufstrom (höchstens 2fach) jedes beliebige Moment erreichen. Das Kippmoment hängt in erster Linie von der Streuung ab, und man kann allgemein rechnen, daß durchschnittlich das 2fache Nennmoment erreichbar ist, weil die Motorstreuung selten 25% übersteigt. Denn das Kippmoment oder die Überlastbarkeit in Prozent ist angenähert $\frac{50 \cdot 100}{E_s\,\%}$, wenn E_s die Streuspannung in Prozent ist. Die Streuspannung kann durch eine Kurzschlußmessung ermittelt werden. Führt man einem abgebremsten Motor (Läufer kurzgeschlossen) z. B. 20% der Nennspannung zu, und ist dabei der Kurzschlußstrom gleich dem Nennstrom, dann ist $E_s = 20\%$.

Soll ein Schleifringläufermotor, z. B. mit dem Nennmoment und dem Nennstrom anlaufen, dann muß dem Läufer soviel Widerstand vorgeschaltet werden, daß die Leistungsaufnahme im Stillstand so groß wird wie im Betrieb oder, mit anderen Worten, es muß im Stillstand die Nennleistung vernichtet werden.

2. Zweiphasenmotor:

Der zweiphasige Wechselstrom erzeugt ebenso wie der Drehstrom ein Drehfeld, so daß zwischen der Wirkungsweise der beiden Motoren kein Unterschied besteht.

3. Einphasenmotor:

Der einphasige Wechselstrom erzeugt kein Drehfeld, sondern ein Wechselfeld, und es können daher diese Motoren nicht von selbst anlaufen. Sie müssen entweder angeworfen werden oder mit einer Zusatzeinrichtung, z. B. Hilfsphase mit Kondensator (vgl. VIIb), angelassen werden.

k) Transformatoren

Die Hauptaufgabe des Transformators besteht darin, einen Wechselstrom mit bestimmter Spannung und Periodenzahl auf eine höhere oder niedrigere Spannung, aber derselben Periodenzahl umzuformen. Er besteht allgemein aus einem lamellierten Eisenkern und der Primär- und Sekundärwicklung. Wird die Primärspule *Pr* der Abb. 28, die einen Einphasentransformator darstellt, an das Netz geschaltet, dann entsteht ein Wechselfeld *F*, das auch in der Sekundärwicklung eine Spannung, u. zw.

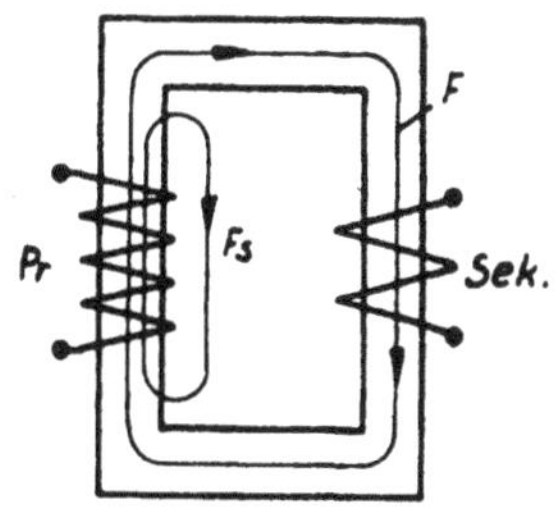

Abb. 28

$$E_2 = E_1 \cdot \frac{w_2}{w_1}$$

induziert, d. h. die Spannungen verhalten sich proportional zu den Windungszahlen, wenn man den Streufluß F_s, der meistens sehr gering ist, vernachlässigt.

Wird die Sekundärwicklung belastet, dann erzeugt sie einen Kraftfluß, der dem Primärfluß entgegengerichtet ist, d. h. im Betrieb tritt nur die Differenz, also praktisch der Leerlaufkraftfluß auf.

Die Ströme verhalten sich zu den Windungszahlen verkehrt proportional, also

$$\frac{J_2}{J_1} = \frac{w_1}{w_2}, \qquad J_2 = J_1 \frac{w_1}{w_2}$$

und die Leistung $N_1 = E_1 \cdot J_1 \cdot \cos \varphi \cong N_2$. Demnach ist die zugeführte

Energie angenähert auch die abgegebene,, weil die Transformatoren mit einem sehr guten Wirkungsgrad arbeiten.

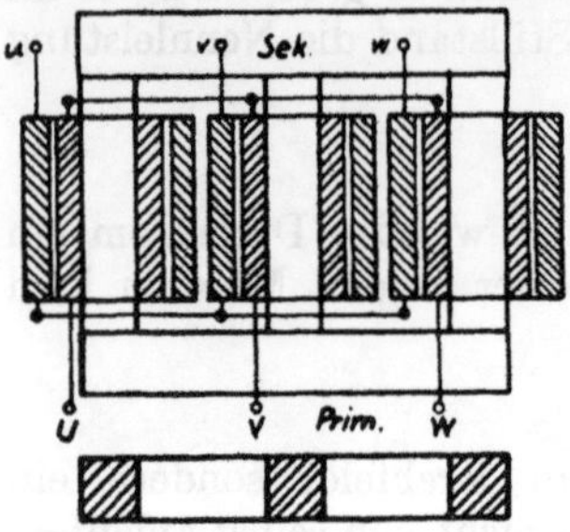

Abb. 29

Die Abb. 29 zeigt einen in $\curlywedge$ geschalteten Dreiphasen-Transformator in der allgemein üblichen Bauweise mit den drei in Reihe gestellten Schenkeln und übereinander angeordneten Wicklungen. Der Abb. 28 zufolge würde man erwarten, daß für den dreiphasigen Transformator 6 Schenkel notwendig sind. Da aber der Kraftfluß in jedem Zeitpunkt gleich der algebraischen Summe der Schenkelkraftflüsse ist, ist diese Verkettung hier ebenso möglich wie bei den Wechselstrommaschinen. Wie bereits besprochen, wurde bei den Wechselstromgeneratoren durch die elektrische Verkettung (algebraische Summe der Ströme in jedem Zeitpunkt gleich Null) auch aus dem Sechsleiter- ein Dreileitersystem geschaffen. Die Wicklungsanordnungen der Abb. 28 und 29 haben streuungsmäßig ein stark unterschiedliches Verhalten, und es eignet sich die getrennte Anordnung nach Abb. 28 für Fälle, wo eine große Streuung gefordert wird, beispielsweise bei Schweißtransformatoren.

II. Wechselstromwicklungen

A. Allgemeines über Wechselstrom-Ganzlochwicklungen und Aufstellung der Nutenpläne

Die technische Ausführbarkeit der Wechselstromwicklungen ist sehr vielseitig. Man kann sie mit Spulen gleicher oder ungleicher Weite ausführen, als Ein- und Zweischichtwicklung und als Ganz- oder Bruchlochwicklung. Schließlich sind viele Schaltungen und Spulenkopfformen möglich.

Es würde zu weit führen, hier alle Auslegungsmöglichkeiten zu behandeln, weshalb wir uns nur auf die praktisch wichtigsten Ausführungen beschränken.

Die Einteilung der Wechselstromwicklungen erfolgt in zwei Hauptgruppen, und zwar:

in Ganzlochwicklungen und
in Bruchlochwicklungen.

Beide Gruppen werden als Einschicht- und als Zweischichtwicklungen, gesehnt oder ungesehnt, ausgeführt. Bei der Ganzlochwicklung ist die Nutenzahl q je Pol und Phase eine ganze Zahl, und bei der Bruchlochwicklung ist q eine gebrochene Zahl. Es kommt also der Nutenzahl q je Pol und Phase eine besondere Bedeutung zu.

a) Bestimmung der Nutenzahl N

Damit in den einzelnen Phasen eine gleich große Spannung induziert wird, muß jede Phase gleich viel Spulen γ mit derselben Windungszahl erhalten. Die Anzahl der Spulen je Phase kann eine beliebige ganze Zahl, also 1, 2, 3 usf. sein; somit ist

$$\gamma = \text{beliebige ganze Zahl.}$$

Bei der Einschichtwicklung belegt jede Spulenseite eine Nut. Es sind daher je Spule 2 Nuten und für alle m-Phasen

$$2 \cdot \gamma \cdot m = N$$

Nuten erforderlich. Daraus die Bedingung, daß die Spulenanzahl je Phase bei der Einschichtwicklung

$$\gamma = \frac{N}{2m}$$

eine ganze Zahl ist. Wird statt der Einschicht- eine Zweischichtwicklung verwendet, dann ist die Anzahl der Spulen doppelt so groß, weil bei der Zweischichtwicklung eine Spule nur die halbe Windungszahl von der Einschichtwicklungsspule hat, und es kommt eine Spulenseite in der Unter- und die andere in der Oberschicht zu liegen, d. h., es füllt bei der Zweischichtwicklung eine Spulenseite nur eine halbe Nut aus (vgl. Abb. 52). Daraus die Bedingung, daß die Spulenanzahl je Phase bei der Zweischichtwicklung

$$\gamma' = \frac{N}{m}, \text{ weil } \gamma' = 2\gamma$$

ist. Die Ausführbarkeit einer Ganzlochwicklung setzt noch voraus, daß die Nutenzahl q je Pol und Phase eine ganze Zahl ist.

b) Bestimmung der Nutenzahl q je Pol und Phase

Im Abschnitt I haben wir festgestellt, daß zur Erzeugung eines Wechselstromes in einem 2poligen Magnetsystem, also in einem Polpaar p, mindestens so viele Spulen notwendig sind, als Phasen m. Hat nun eine Maschine mehrere Polpaare p und berücksichtigt man, daß eine Spule 2 Spulenseiten hat, wovon jede Spulenseite eine Nut belegt (Einschichtwicklung), dann sind, wenn man mit $2p$ die Polzahl der ganzen Maschine bezeichnet, mindestens

$$N = 2p \cdot m$$

Nuten notwendig und man nennt eine solche Wicklung eine Einlochwicklung. Wird eine Spulenseite in mehrere Nuten aufgeteilt, dann entsteht eine Mehrlochwicklung. Bei der Mehrlochwicklung bekommt jede Seite einer Teilspule wieder eine Nut zugeordnet und es ist, wenn man die Anzahl der von den Teilspulenseiten belegten Nuten je Pol und Phase mit q bezeichnet, die Nutenzahl

$$\mathrm{N} = 2\,p\,m\,q \quad \text{und} \quad q = \frac{N}{2p \cdot m},$$

weil $2p$ die Polzahl und m die Phasenzahl ist. Bei der Einschichtwicklung wird eine aus mehreren Teilspulen bestehende Spule einer Phase eines Polpaares als Gruppenspule bezeichnet und bei der Zweischichtwicklung als Halbgruppenspule.

Bei der Dreiphasenwicklung ist für $m = 3$,
bei der Zweiphasenwicklung ist für $m = 2$,
bei der Einphasenwicklung ist für $m = 1$

zu setzen. Bei der Einphasenwicklung werden meistens nur $^2/_3$ Nuten bewickelt. Die Begründung wird bei der Behandlung der Wicklungsfaktoren gegeben und es ist die bewickelte Nutenzahl je Pol und Phase

$$q = \frac{2}{3} \cdot \frac{N}{2pm} = \frac{N}{3p},$$

woraus folgt, daß bei der Einphasenwicklung nur doppelt soviele Nuten bewickelt sind als bei einer Phase der Dreiphasenwicklung; es bleibt also $^1/_3$ der Nuten unbewickelt. Dies ist auch eine Erklärung dafür, daß jeder Drehstrommotor als Einphasenmotor verwendbar ist. Man braucht z. B. bei einem Drehstrommotor nur eine Phase ausschalten und der Drehstrommotor läuft einphasig weiter (vgl. Abb. 111). Der einphasige Wechselstrommotor kann, den Ausführungen des Abschnittes I zufolge, nicht allein anlaufen, weshalb allgemein in den $^1/_3$ leeren Nuten eine hochohmige Anlaufwicklung eingelegt wird, die in Verbindung mit einer Drossel oder einem Kondensator einen Selbstanlauf bewirkt. Dazu einige Beispiele:

1. Beispiel:

Eine 4polige Dreiphasenmaschine hat 36 Nuten. Wie groß ist q die Teilspulenanzahl oder die Nutenzahl je Pol und Phase?

$$q = \frac{N}{2pm} = \frac{36}{12} = 3$$

Diese Maschine soll einphasig bewickelt werden. Wie viele Nuten sind zu bewickeln und wie groß ist q?

Zu bewickeln sind $N\,^2/_3 = 72/3 = 24$ Nuten
und $q = N/3p = 36/6 = 6$

Es bleiben also 36 — 24 = 12 Nuten, d. i. $^1/_3$ frei, und es wird immer die Bedingung erfüllt, daß q eine ganze Zahl ist.

2. Beispiel:

Warum ist bei einer 8poligen Maschine mit 54 Nuten eine Ganzlochwicklung nicht möglich? Weil

$$q = \frac{N}{2pm} = \frac{54}{24} = 2{,}25 = 2^1/_4$$

keine ganze Zahl ist. Wir werden aber bei der Behandlung der Bruchlochwicklungen sehen, daß sich mit $q = 2^1/_4$ eine phasenreine Bruchlochwicklung herstellen läßt. Derartige Situationen ergeben sich öfters dann, wenn eine Maschine mit einer bestimmten Polzahl auf eine andere Polzahl umgewickelt werden soll. Die Formel für q läßt auch sofort erkennen, daß die Ausführbarkeit der Ganzlochwicklung bei höheren Polzahlen schon sehr begrenzt ist, weil die Nutenzahl N nicht beliebig groß (abhängig vom Maschinendurchmesser) gewählt werden kann und sich sehr bald für q gebrochene Zahlen ergeben. Es stellt daher die Bruchlochwicklung mitunter auch aus diesem Grunde eine notwendige Ergänzung der Ganzlochwicklung dar.

c) Wicklungsausteilung

Die Aufteilung der Nuten auf die einzelnen Phasen ist bei vielen Wicklungen oft so einfach, daß man dazu keine Hilfsmittel benötigt. Dazu ein Beispiel: Die Abb. 30 veranschaulicht eine dreiphasige Einlochwicklung

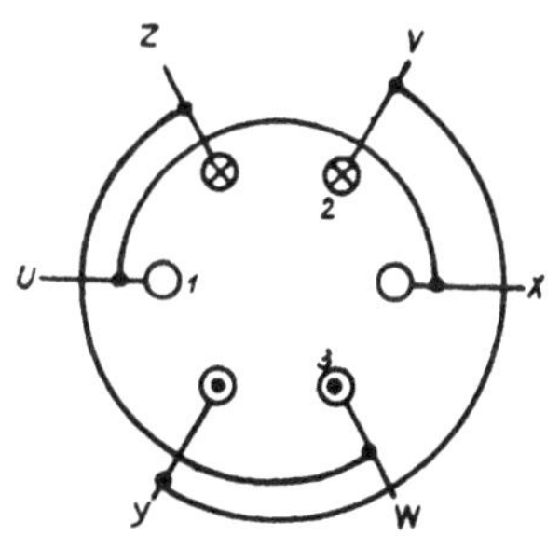

Abb. 30

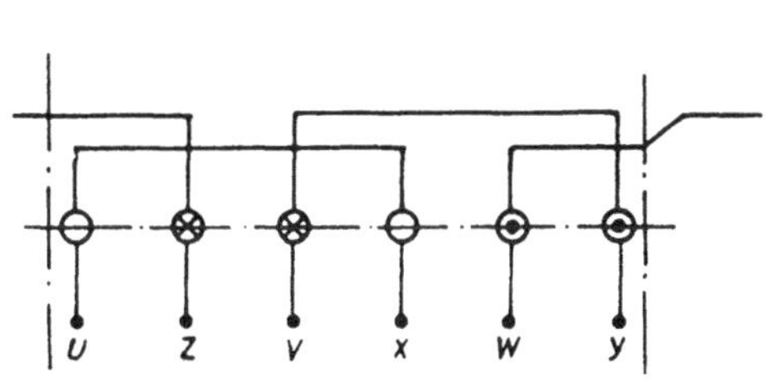

Abb. 31

von einer zweipoligen Maschine im Prinzip, wobei der Augenblickswert der induzierten Spannungen entsprechend der räumlichen Lage der Erregerpole nach Abb. 20a berücksichtigt wurde. In die Ebene aufgerollt, wird diese Wicklung so dargestellt, wie es die Abb. 31 zeigt. Für die allgemeine Darstellung ist die angenommene Phasenlage ungünstig, weil eine Phase (U) in diesem Augenblick stromlos ist. Wir wählen daher für die Darstellung der Wicklungen in dieser Arbeit jene Stromrichtungen, die sich im Schnittpunkt b des Wellendiagramms der Abb. 20b ergeben. Demnach ist

in Phase U die Stromrichtung $+ = \oplus$ und
in Phase V und W $- = \odot$

Es zeigt die Abb. 32 die räumliche Lage für die 3 Leiter im Kreisbild, die Abb. 33 das Kreisbild für die 3 Spulen und die Abb. 34 das aufgerollte Ebenenbild mit den in den einzelnen Spulenseiten auftretenden Polaritäten. Oberhalb der n-Achse haben die Spulenseiten Y, U und Z die positive Polarität $\oplus$ und unterhalb die negative $\odot$. Die beiden zusammengehörigen Spulenseiten sind in Abb. 33 wieder durch eine Gerade miteinander ver-

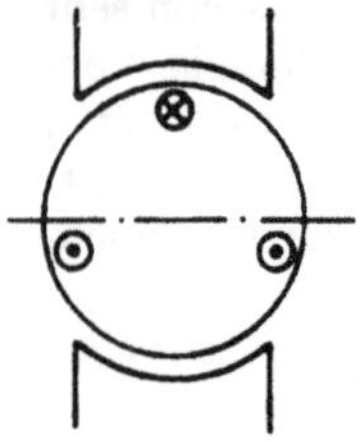

Abb. 32

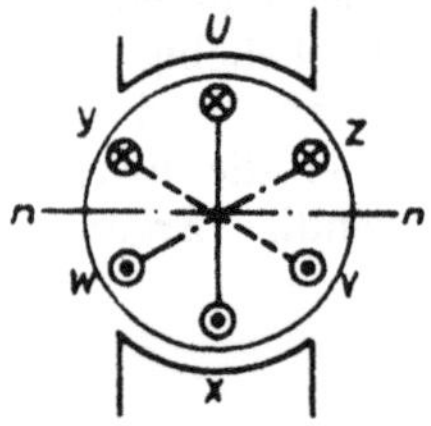

Abb. 33

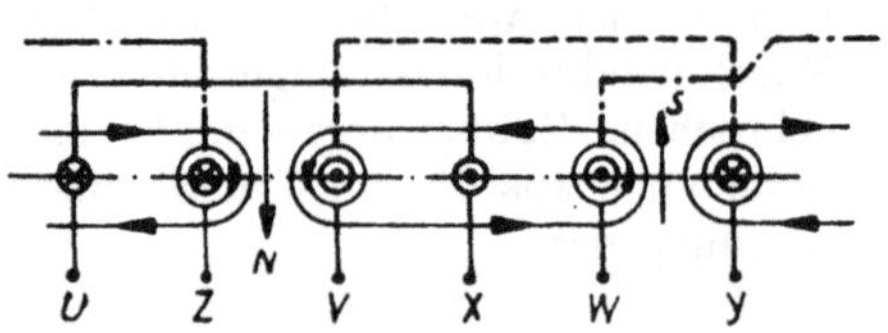

Abb. 34

bunden, weil bei einer zweipoligen Maschine die beiden Spulenseiten einer Spule räumlich um 180°, also um eine Polteilung, gegeneinander versetzt sind. Es kommt also eine Spulenseite unter den Nordpol und die andere unter den Südpol zu liegen, mit dem Ergebnis, daß die in den Spulenseiten induzierten Spannungen entgegengesetzte Richtung haben und sich addieren, weil die beiden Spulenseiten miteinander verbunden sind. In den Abbildungen wurde die bei den Wechselstromwicklungen übliche Bezeichnung angewendet. Daher ist

eine Phase mit U und X (Spulenanfang und -ende)
eine Phase mit V und Y und
eine Phase mit W und Z

bezeichnet. Damit man die 3 Phasen besser auseinanderkennt, ist die Phase U—X mit ———, die Phase V—Y mit — — — und die Phase W—Z mit —·—·— gekennzeichnet.

Die Wicklung nach Abb. 34 bezeichnet man als einnutige Wicklung bzw. als Einlochwicklung, weil die Gruppenspulen nicht unterteilt sind. Einlochwicklungen kommen aus Gründen, die an anderer Stelle ausführlich behandelt werden, nur selten vor, d. h., eine Spulenseite ist meistens auf mehrere Nuten aufgeteilt und man spricht dann von Mehrlochwicklungen oder, wie bereits erwähnt, von Wicklungen mit q Nuten je Pol und Phase.

Hat also eine zweipolige Dreiphasenwicklung 6 Nuten, dann ist

$$q = \frac{N}{2p \cdot m} = \frac{6}{6} = 1\,.$$

Bei einer vierpoligen Dreiphasenwicklung mit 24 Nuten ist

$$q = \frac{N}{2pm} = \frac{24}{12} = 2\,.$$

Bei der Einschichtwicklung ist die Mindestanzahl der Gruppenspulen $G = p \cdot m$. In diesem Falle: $G = 2 \cdot 3 = 6$, weil man für ein Polpaar p

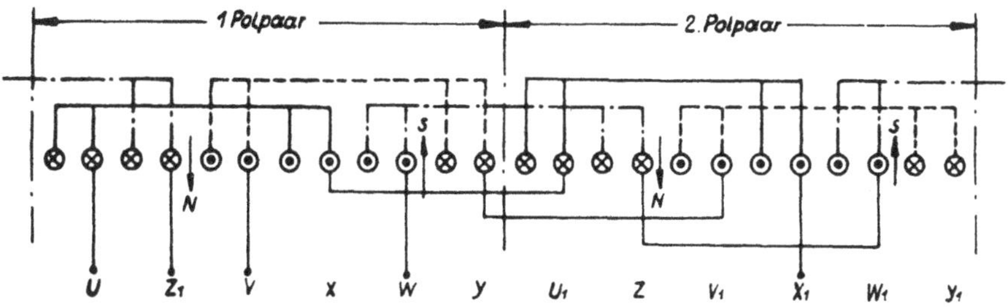

Abb. 35

mindestens *m Spulen* benötigt, und es veranschaulicht die Abb. 35 schematisch diese Wicklung. Für die Darstellung von so einfachen Dreiphasenwicklungen genügen meistens folgende einfache Regeln:

1. Zwischen einer Gruppenspule befinden sich immer zwei fremdphasige Gruppenspulenseiten, also $2 \cdot q$ Nuten.
2. Zwischen zwei Phasenanfängen befindet sich immer das Phasenende von der dritten Phase, also q Nuten.
3. Zwischen den einzelnen Polpaaren besteht untereinander kein Unterschied, weshalb sich die Nutenaufteilung des 1. Polpaares in den anderen wiederholt, und es können daher die gleichphasigen Spulen in den einzelnen Polpaaren in Reihe (Abb. 35) oder auch parallel geschaltet werden, indem man z. B. U *mit* U_1, X mit X_1 verbindet, usf. Bei der Reihenschaltung der Phasenspulen werden also immer ungleichsinnige Spulenseiten zusammengeschaltet und bei der Parallelschaltung gleichsinnige.

Für die Auslegung von gewöhnlichen Einschichtwicklungen genügen diese einfachen Regeln. Allgemein kommt man damit nicht aus und es wird in der Fachliteratur meistens der Spannungs- oder Nutenstern, der sich für den geschulten Techniker bestens eignet, angewendet. In dieser Arbeit wird ein leicht und allgemein verständliches Hilfsmittel benötigt und es erfolgt die Wicklungsauslegung mit Hilfe eines einfachen Nutenplanes.

d) Dreiphasiger Nutenplan

Ersetzt man die drei Leiter der Abb. 32 durch drei Strahlen, dann erhält man die Abb. 36, aus der hervorgeht, daß die Strahlen unterhalb der *n—n*-Achse abwärts gerichtet sind und oberhalb der *n—n*-Achse aufwärts. Weiter zeigt die Abb. 37 wieder die Einlochwicklung und die Abb. 38 den zugehörigen Nutenplan, bei dem folgende Regeln anzuwenden sind:

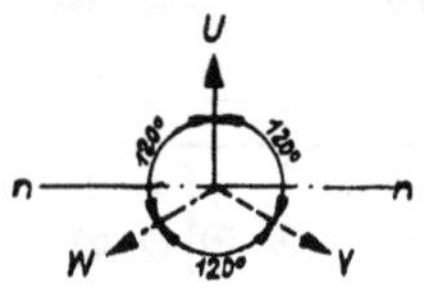

Abb. 36

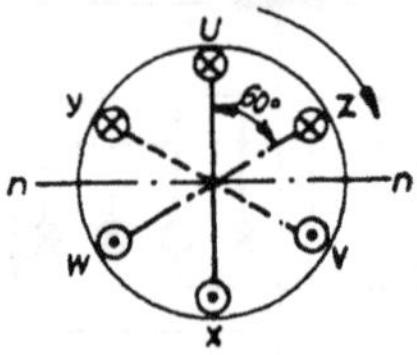

Abb. 37

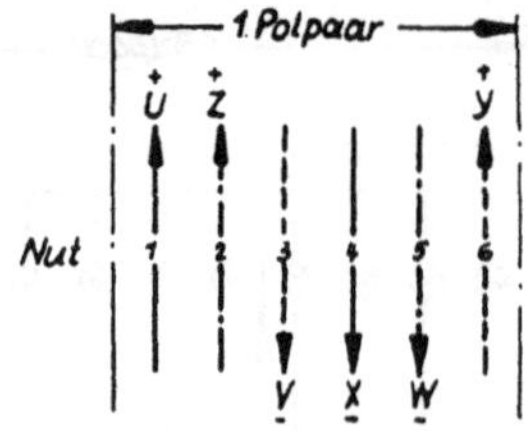

Abb. 38

1. Der Anker ist in der Längsrichtung aufgeschnitten und in die Ebene aufgerollt.
2. Bei der Zuordnung der Spulenseiten in den Nutenplan beginnt man mit der Übertragung bei *U* und setzt sie in Pfeilrichtung in der Reihenfolge *U*, *Z*, *V*, *X*, *W* und *Y* fort. Die positiven Spulenseiten ⊕ sind durch einen nach oben gerichteten Pfeil dargestellt und die negativen Spulenseiten ⊙ durch einen nach unten gerichteten Pfeil.
3. Hat eine Maschine mehrere Polpaare *p*, dann wiederholt sich die Übertragung so oft, als Polpaare vorhanden sind, weil bei Ganzlochwicklungen unter den einzelnen Polpaaren kein Unterschied besteht.
4. Ist die Nutenzahl *q* je Pol und Phase größer als 1, beispielsweise 2, dann werden von der Spulenseite *U* die ersten zwei aufeinanderfolgenden Nuten im Nutenplan belegt, von der Spulenseite *Z* die nächsten 2 Nuten usf. Eine Ausnahme macht nur die Faßwicklung, auch Evolventenwicklung genannt, die an anderer Stelle behandelt wird (vgl. Abb. 72).

Für die vierpolige Wicklung der Abb. 35 mit $q = 2$ erhält man mit diesen Regeln den Nutenplan der Abb. 39. Verbindet man in jedem Polpaar die zu einer Spule gehörigen Pfeile so miteinander, daß die positiven und negativen Pfeile durch Hintereinanderschaltung die Gruppenspule ergeben, dann erhält man in diesem Beispiel in jedem Polpaar eine zweinutige Gruppenspule. Die beiden Gruppenspulen je Phase können wieder hintereinander oder parallel geschaltet werden.

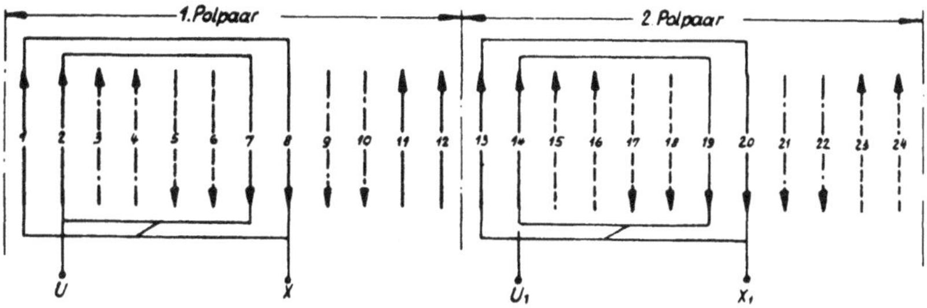

Abb. 39

e) Zweiphasiger Nutenplan

Zur Erzeugung des zweiphasigen Wechselstromes sind Abschnitt I zufolge mindestens zwei Spulen erforderlich. Es stellt die Abb. 40 die augenblickliche Lage der Spulen im zweipoligen Magnetsystem dar und es ergeben sich damit für die einzelnen Spulenseiten die eingetragenen Polaritäten. Es gelten für die Zeichnung des Nutenplanes der Abb. 41 dieselben Regeln wie für den dreiphasigen.

Merkregeln:

1. Zwischen einer Spule befindet sich bei der zweiphasigen Wicklung immer nur eine fremdphasige Spulenseite, also q Nuten.
2. Die beiden Phasenanfänge liegen nebeneinander.

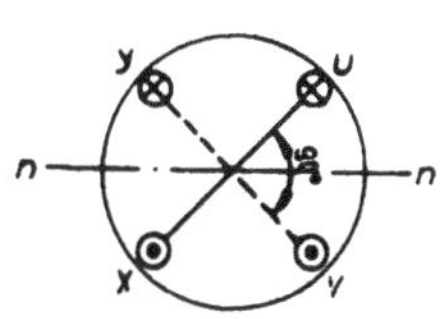

Abb. 40

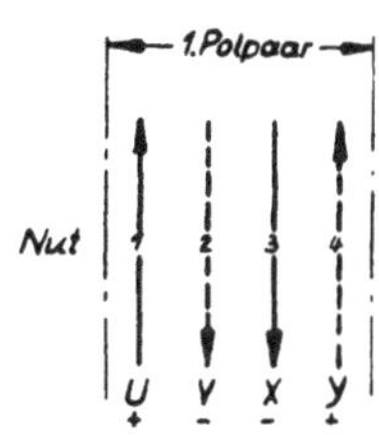

Abb. 41

f) Einphasiger Nutenplan

Zur Erzeugung des einphasigen Wechselstromes genügt eine Spule und es stellt die Abb. 42 die augenblickliche Lage der Spule im zweipoligen System dar. Bei der Einphasenwicklung werden nur $^2/_3$ Nuten bewickelt (vgl. Abschnitt IV), so daß $N/3$ Nuten frei bleiben. Hat man also q Nuten je Spulenseite im Nutenplan eingetragen, dann sind immer $q/2$ Nuten freizulassen. Unter q ist die bewickelte Nutenzahl pro Pol und Phase zu verstehen. Zum Beispiel ist für eine zweipolige Wicklung mit 6 Nuten die bewickelte Nutenzahl je Pol und Phase $q = N/3p = 2$, somit ist $q/2 = 1$.

Hat man also für eine Spulenseite die q Nuten eingetragen, dann folgen $q/2$ leere Nuten, und es zeigt die Abb. 43 den Nutenplan für dieses Beispiel. Die einzelnen Spulenseiten der Abb. 43 können nun so geschaltet werden, daß z. B. die Spulenseiten 1—4 und 2—5 eine Nutspule ergeben oder 2—4 und 1—5, d. h. die Gruppenspule kann wieder verschiedenartig zusammengeschaltet werden.

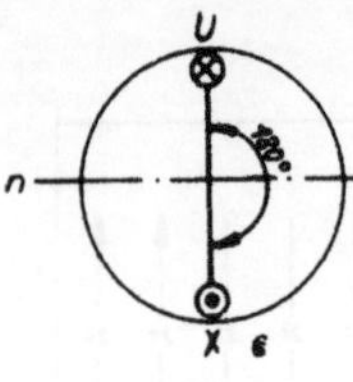

Abb. 42

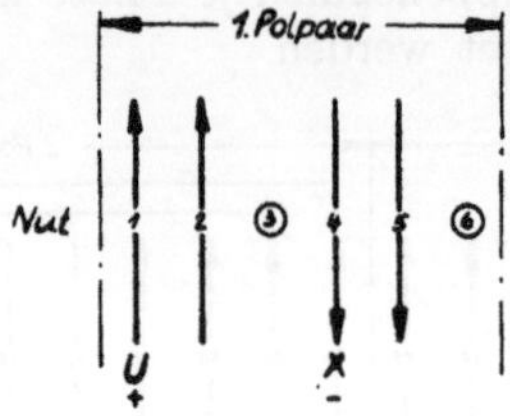

Abb. 43

g) Schaltmöglichkeiten einer Gruppenspule

Wird eine Gruppenspule in mehrere Teilspulen oder q Nutenspulen unterteilt, dann nennt man eine solche Wicklung je nach Unterteilung eine Zwei- oder Dreilochwicklung, usf. Die Unterteilung der Gruppenspule erfolgt meistens

1. in Spulen gleicher Weite nach Abb. 44 und
2. in Spulen ungleicher Weite nach Abb. 45.

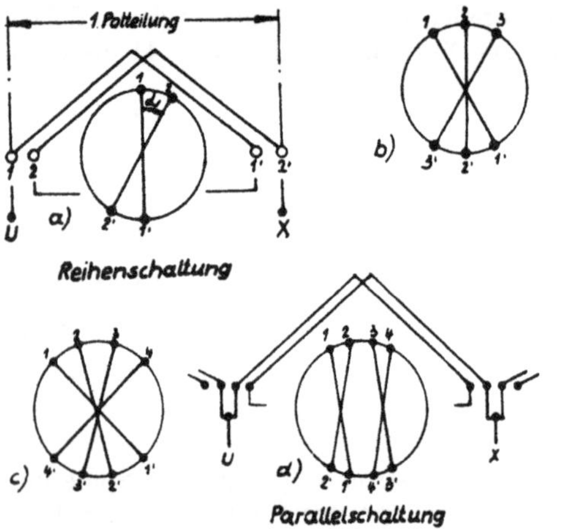

Abb. 44

Die Abbildungen stellen Gruppenspulen mit $q = 2$, 3 und 4 dar. Es ist bei der Wicklung mit Spulen nach 1. der Nutenschritt bei allen Nutenspulen gleich groß und bei der Wicklung mit Spulen nach 2. ist der Nutenschritt unter den einzelnen Nutenspulen verschieden.

Aus diesem Grunde ist bei Wechselstromwicklungen mit der Nutenschrittangabe allein die Wicklung noch nicht eindeutig festgelegt.

Für die Größe der induzierten Spannung in der Gruppenspule ist es gleichgültig, ob Spulen gleicher oder ungleicher Weite verwendet werden, weil sich dadurch der Wicklungsfaktor, der an anderer Stelle behandelt wird, nicht ändert.

Die beiden Wicklungen sind aber nicht in jeder Hinsicht gleichwertig. Zum Beispiel sind die Nutspulen der Abb. 44a bezüglich Nutenschritt und Windungslänge gleich. Bei den Nutenspulen der Abb. 45a ist weder der Nutenschritt noch die Windungslänge gleich. Diese Unterschiede beeinflussen aber die Parallelschaltbarkeit, und es ist zu beachten, daß gerade die beiden Spulen der Abb. 44a nicht, wohl aber die beiden Nutspulen der Abb. 45a parallel geschaltet werden können, worüber die beiden eingezeichneten 2poligen Kreisbilder in Abb. 44a und 45a Aufschluß geben. In Abb. 44a ist die Spule 2—2′ gegenüber 1—1′ um den Winkel α phasenverschoben, daher ist eine Parallelschaltung der beiden Nutspulen nicht möglich, weil ja die parallel zu schaltenden Spulen phasen- und spannungsgleich sein müssen. In Abb. 45a sind die beiden Nutspulen in dieser Hinsicht gleichwertig, denn $1 = 2'$ und $2 = 1'$, so daß sie parallelschaltbar sind. Daraus folgt, daß die Wicklung der Abb. 39 auch 4fach parallel geschaltet werden kann. In diesem Falle ist allerdings der Ohmsche und der induktive Widerstand der beiden Nutspulen ungleich, was sich aber be-

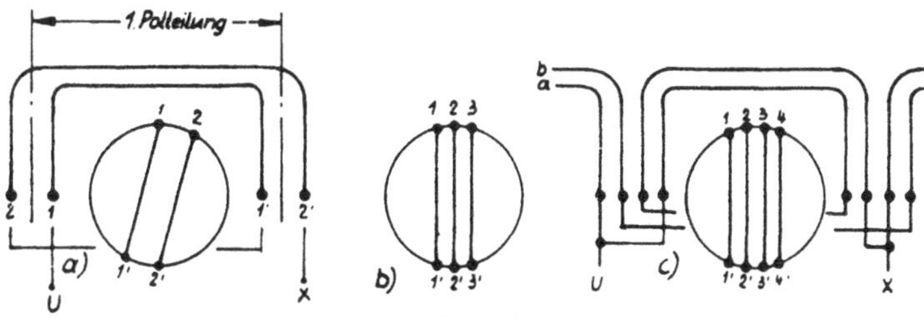

Abb. 45

sonders bei kleineren Maschinen nicht nachteilig auswirkt. Bei größeren Maschinen können Ausgleichsströme entstehen, die ein Brummen verursachen. Die Nutspulen der Abb. 45b sind nicht parallelschaltbar, weil z. B. die Spule 2—2′ mit den beiden anderen Spulen nicht gleichartig ist. Die 4nutigen Gruppenspulen kann man (Abb. 44d und 45c) in Halbgruppenspulen unterteilen, so daß beide Halbgruppen gleichwertig und parallelschaltbar werden. Die Spule nach Abb. 45c ist nichts anderes als ein Teil der sogenannten Dreiebenen- oder Dreietagenwicklung. Bei dieser Wicklung liegen die Spulen bzw. Wickelköpfe jeder Phase in einer Ebene und es sind alle Halbgruppenspulen vollkommen gleichwertig, so daß sich diese Wicklung für die Parallelschaltung bestens eignet. Diese Wicklung bringt gegenüber der Ganzgruppenspule auch eine Wickelmetallersparnis, weil die Spulenweite immer kleiner als die Polteilung ist. Bei der Wicklung nach Abb. 44d besteht der Unterschied gegenüber der Abb. 44c darin, daß sich je Halbgruppenspule die Spulenköpfe einmal kreuzen, und es wird aus der Durchmesserwicklung anscheinend eine Sehnenwicklung. In Wirklichkeit bekommt man eine Wicklung mit kleineren Spulenköpfen

(Wickelmetallersparung), nicht aber eine gesehnte Wicklung zur Unterdrückung der Oberwellen (darauf kommen wir noch zurück), denn die Zonenbreite bleibt dadurch ja unverändert.

Es kann also eine Gruppenspule sehr verschiedenartig ausgeführt werden, ohne dadurch die elektrischen Eigenschaften der Maschine zu beeinflussen, und es werden nachstehend die wichtigsten Fälle zusammengestellt.

Eine Gruppenspule kann so unterteilt und geschaltet werden, wie es die Abbildungen 46 bis 52 zeigen und man bezeichnet Wicklungen, die in den Nuten nicht unterteilt sind, als

Einschichtwicklungen

und Wicklungen, die in allen Nuten unterteilt sind, als

Zweischichtwicklungen.

Beide Wicklungsarten werden bei der Ganz- und Bruchlochwicklung angewandt. Es wird als Beispiel eine Gruppenspule von einer Dreiphasenwicklung mit $q = 4$ gewählt, und zwar von einer ungesehnten Wicklung. Demnach müssen, wie wir bereits wissen, zwischen der Gruppenspule $2 \cdot q = 8$ Nuten freibleiben, damit die Gruppenspulenseiten der beiden anderen Phasen dazwischen Platz haben. In den Abbildungen sind über den Nuten die Wickelköpfe dargestellt und unter den Nuten sind die Verbindungen der Teilspulen untereinander durchgeführt.

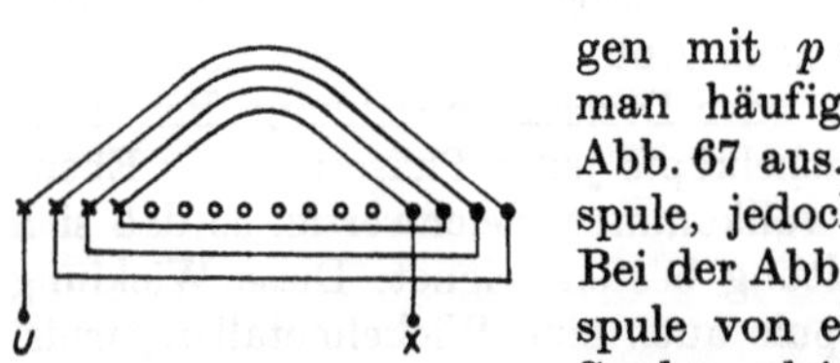

Abb. 46

Die Abb. 46 zeigt eine 2polige Ausführung mit drei Gruppenspulen in 3 Ebenen, bei welcher die Teilspulen zusammengefaßt sind, und es besteht u. a. die sogenannte Zweiebenen- oder Zweietagenwicklung aus solchen Gruppenspulen mit ungleicher Weite (Abb. 62). Wicklungen mit $p = 1$ bzw. $p =$ ungerade Zahl führt man häufig mit einer gekröpften Spule nach Abb. 67 aus. Die Abb. 47 zeigt dieselbe Gruppenspule, jedoch mit einer anderen Spulenkopfform. Bei der Abb. 48 handelt es sich um eine Gruppenspule von einer sogenannten Korbwicklung mit Spulen gleicher Weite und zusammengefaßten Teilspulen. Bei der Abb. 49 ist die Gruppenspule je zur Hälfte nach links und rechts verteilt und man bezeichnet diese Wicklung als Dreiebenenwicklung. Damit jede Gruppenspulenseite wieder gleichsinnig vom Strom durchflossen wird, braucht man nur eine von den

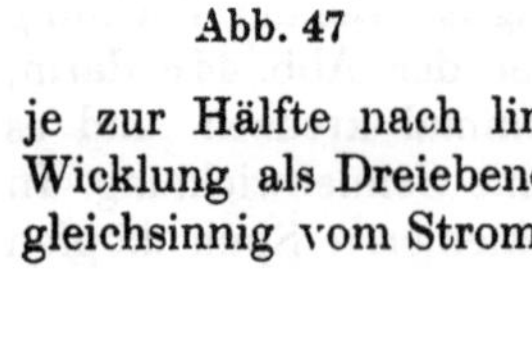

Abb. 47

beiden Spulenhälften (Halbgruppenspulen) rückschreitend, wie es die Pfeile andeuten, schalten. Für die Korbwicklung der Abb. 50 mit Halbgruppenspulen und für die Evolventen- oder Faßwicklung der Abb. 51 gilt schalttechnisch das über Abb. 49 Gesagte. Die Wicklung nach Abb. 51 wird meistens aus Flachkupfer und als Evolventenwicklung ausgeführt.

Bei der Zweischichtwicklung der Abb. 52 besteht eine Halbgruppenspule nicht aus $q/2$ Teilspulen, sondern aus q Teilspulen, mit halber Windungszahl, d. h., diese Wicklung hat die doppelte Spulenanzahl von der Einschichtwicklung und es sind die beiden Halbgruppenspulen bei der Durchmesserwicklung nicht nebeneinander, sondern übereinander angeordnet. Diese Wicklung besteht also aus zwei Schichten, und sie wird so wie die vorhin behandelten Wicklungen mit Halbgruppenspulen geschaltet.

Für die elektrischen Eigenschaften der Maschine ist es gleichgültig, auf welche Art man die Gruppenspule schaltet.

Wenn man die Abbildungen 46 bis 52 miteinander vergleicht, kann man feststellen, daß nur bei den Wicklungen der Abb. 48 und 52 der Nutenschritt $Yn = 12$, also gleich der Polteilung ist, und man bezeichnet diese Wicklungen als Durchmesserwicklungen oder als ungesehnte Wicklungen. Bei den Spulen der Einschichtwicklung nach Abb. 46 und 47 ist der Teil-

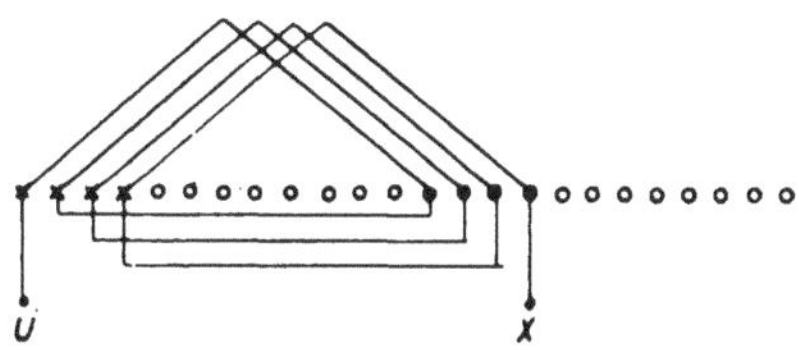

Abb. 48

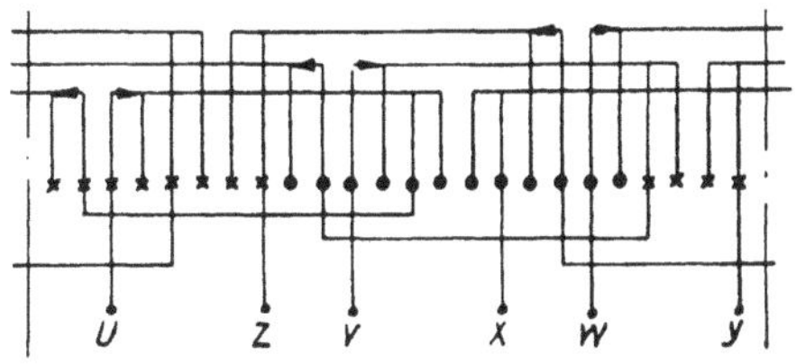

Abb. 49

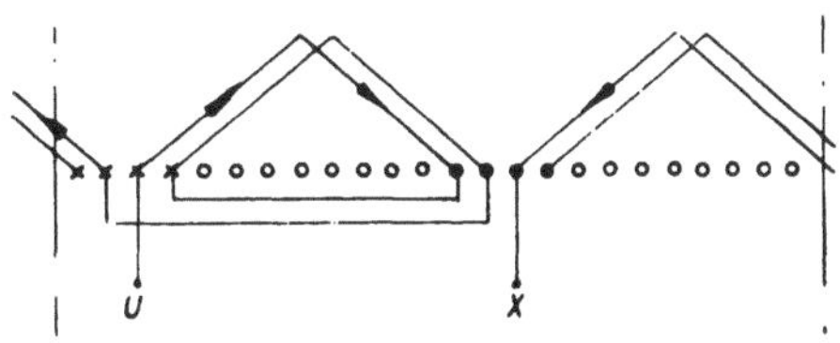

Abb. 50

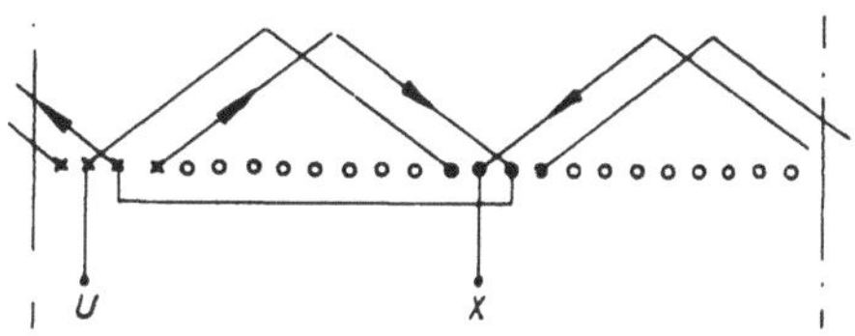

Abb. 51

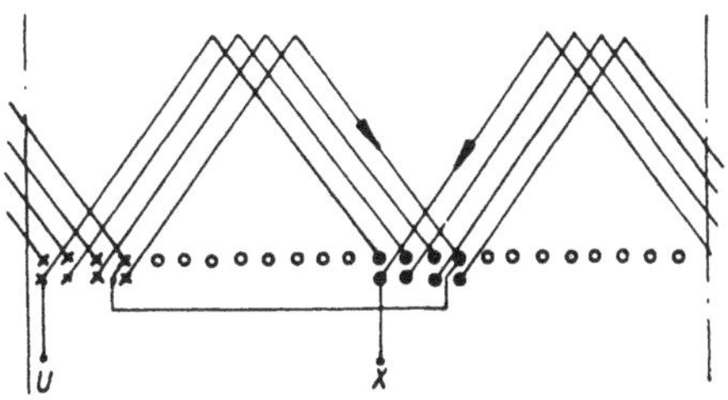

Abb. 52

nutenschritt bei einer Hälfte der Spulen um so viel größer als die Polteilung, wie er bei der anderen Hälfte kleiner ist; somit ist diese Wicklung einer Durchmesserwicklung gleichwertig. Bei den übrigen Spulen ist der Nutenschritt immer kleiner als die Polteilung und es ist z. B. bei der Abb. 51 der Nutenschritt $Y_N = 11$. Demnach hätte diese Wicklung eine $^{11}/_{12}$ Sehnung. Da sich aber zwischen der Spule $2 \cdot q$ leere Nuten befinden, kann es keine gesehnte Wicklung sein. Hier handelt es sich um Sehnenspulen, also um Spulen mit verkürzten Spulenköpfen, aber nicht um eine gesehnte Wicklung, was streng auseinanderzuhalten ist. Es wurde der Vergleich hauptsächlich aus diesem Grunde so übersichtlich geführt, weil unter den Praktikern in dieser Hinsicht sehr häufig falsche Vorstellungen bestehen.

Die Einschichtwicklung der Abb. 51 und die Zweischichtwicklung der Abb. 52 wird u. a. zum Zwecke der Unterdrückung von Oberwellen fast immer stärker gesehnt und es erfolgt die Aufstellung des Nutenplanes für eine gesehnte Wicklung vorteilhaft mit Hilfe des Nutenschrittes.

h) Anwendung des Nutenschrittes bei Wechselstromwicklungen

Die Einschichtwicklungen mit Nutenspulen ungleicher Weite nach Abb. 46 und 47, weiter mit Nutenspulen gleicher Weite mit $q =$ gerade, also 2, 4 usf. nach Abb. 50 sind nicht als Durchmesserwicklung ausführbar. Ist dagegen eine Gruppenspule mit Spulen gleicher Weite ungeteilt (Abb. 48) oder geteilt, aber mit $q =$ ungerade, also 3, 5 usf., dann erhält man Durchmesserwicklungen. Bei der Faßwicklung nach Abb. 51 mit $q =$ gerade Zahl ist keine Durchmesserwicklung möglich. Man kann für die technische Ausführbarkeit dieser Wicklung die Bedingung aufstellen, daß

$$\text{der Nutenschritt } Y_N = \frac{N}{2p} = \text{ganze, ungerade Zahl}$$

ist, und es gilt diese Bedingung auch für die stark gesehnte Wicklung. Somit allgemein

$$Y_N = \frac{N}{2p} \cdot \frac{W}{\tau} = \text{ungerade, ganze Zahl,}$$

wenn

$$\frac{W}{\tau} = \frac{\text{Spulenweite}}{\text{Polteilung}} \text{ als Sehnung} = \varepsilon$$

bezeichnet wird. Will man also diese Einschichtwicklung mit einer $^5/_6$ Sehnung ausführen, dann ist dazu eine ganz bestimmte Nutenzahl erforderlich. Die Zweischichtwicklung nach Abb. 52 hat gegenüber der Einschichtwicklung u. a. den Vorteil, daß sie als Durchmesserwicklung und für verschiedene Sehnungen ausführbar ist. Daher bei Zweischichtwicklungen

$$Y_N = \frac{N}{2p} \cdot \frac{W}{\tau} = \text{beliebige, ganze Zahl.}$$

Der gesehnten Einschicht-Faßwicklung wird mitunter bei Turbogeneratoren der Vorzug gegeben mit der Begründung, daß die Wicklung und deren Abstützung einfacher ausführbar ist. Dazu einige Beispiele:

Ein zweipoliger Turbogenerator hat 60 Nuten. Die Wicklung ist als Einschichtwicklung mit $^5/_6$ Sehnung auszuführen. Der Nutenschritt in Nutteilungen

$$Y_N = \frac{N}{2p} \cdot \varepsilon = \frac{60}{2} \cdot \frac{5}{6} = 25, \text{ also ungerade,}$$

und es kommt eine Spulenseite in die Nut 1 und die andere in die Nut 26.

Bei der Faßwicklung nach Abb. 51 ist zu beachten, daß mit q ist eine ungerade Zahl nur als Durchmesserwicklung eine symmetrische Feldkurve entsteht (mit q = gerade Zahl auch gesehnt); es gibt darüber der Nutenplan und die Felderregerkurve Aufschluß. Im Nutenplan der Abb. 54, der später noch ausführlich besprochen wird, ist z. B. der Nutpfeil 15 statt nach aufwärts, nach abwärts gerichtet, und es entsteht dadurch in der zugehörigen Felderregerkurve der Abb. 55 eine Zacke.

Zusammenfassend kann man also sagen, daß man zur Austeilung der Wechselstromwicklungen ein Hilfsmittel benötigt, weil sich der Nutenschritt allein nicht immer anwenden läßt. Wir verwenden als Hilfsmittel daher allgemein den einfachen Nutenplan, den wir nachstehend noch für die gesehnte Einschichtwicklung und für die Zweischichtwicklung aufstellen.

i) Dreiphasiger Nutenplan für die Einschicht-Faßwicklung

Für die Durchmeserwicklung (ungesehnte Wicklung) gilt der normale Nutenplan. Die Abb. 53 zeigt den Nutenplan für eine gesehnte Wicklung mit q = ungerade Zahl. Es gelten folgende Regeln:

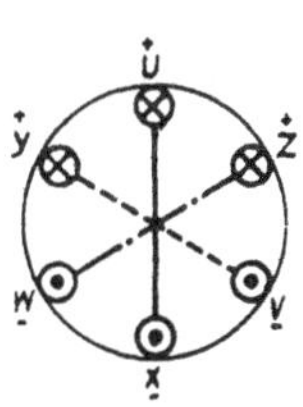

Abb. 53

Abb. 53a

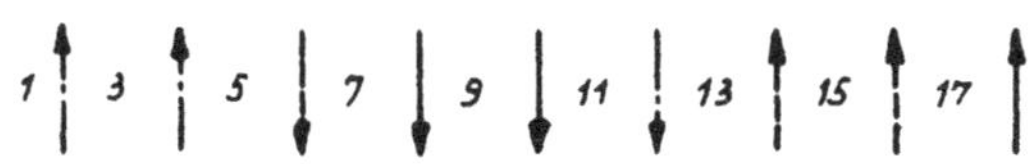

Abb. 53b

Nutenplan für $N = 18$; $p = 1$; $q = 3$ und etwa $^4/_5$Sehnung

1. Bei der Zuordnung der Nuten in den Nutenplan beginnt man mit der Übertragung bei U und setzt sie wieder in Pfeilrichtung in der

Reihenfolge U, Z, V, X, W und Y fort. Die ⊕-Nuten sind wieder durch einen nach aufwärts gerichteten Pfeil dargestellt und die ⊙-Nuten durch einen nach abwärts gerichteten Pfeil.

2. Bei mehreren Polpaaren p wiederholt sich der Vorgang so oft, als Polpaare vorhanden sind.

3. Die Nutenzahl q je Pol und Phase (immer größer als 1) wird wieder nebeneinander, von links nach rechts, eingetragen, mit dem Unterschied, daß jede zweite Nut freigelassen wird. Ist z. B. $q = 3$, dann ist von der
Gruppenspulenseite U die Nut 1 besetzt, Nut 2 frei, Nut 3 besetzt
und von Z die Nut 4 frei, Nut 5 besetzt, Nut 6 frei,

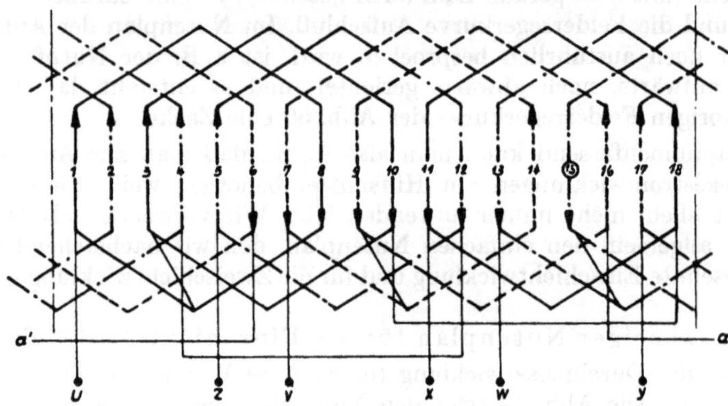

Abb. 54

usf., d. h., es folgt einer besetzten Nut immer eine freie Nut (Abb. 53a). Die freigelassenen Nuten werden nachträglich mit Hilfe des Nutenschrittes Y_N ausgefüllt. In Abb. 53 beträgt die Sehnung etwa $^4/_5$. Somit $Y_n = \frac{N}{2p} \cdot 0{,}78 \cong 7$, und es kommt die erste zu U gehörige Spulenseite X daher in die Nut 8, die zweite bleibt frei, die dritte in 10. Die Übertragung setzt man im Uhrzeigersinn fort. Es folgt also $-W, +Y, +U, +Z, -V$, und man erhält auf diese Weise die Abb. 53b. Demnach werden beim ersten Umlauf alle ungeradzahligen Nuten besetzt und beim zweiten Umlauf alle geradzahligen Nuten.

Schiebt man die beiden Teil-Nutenpläne ineinander, dann erhält man den vollständigen Nutenplan der Abb. 54 mit der Nut (15) als Unsymmetrie. Diese Unsymmetrie tritt in der zugehörigen Felderregerkurve der

Abb. 55, die im nachstehenden Unterabschnitt behandelt wird, als Zacke in Erscheinung. Durch die Zacke wird die Kurve bei a abgeflacht, also

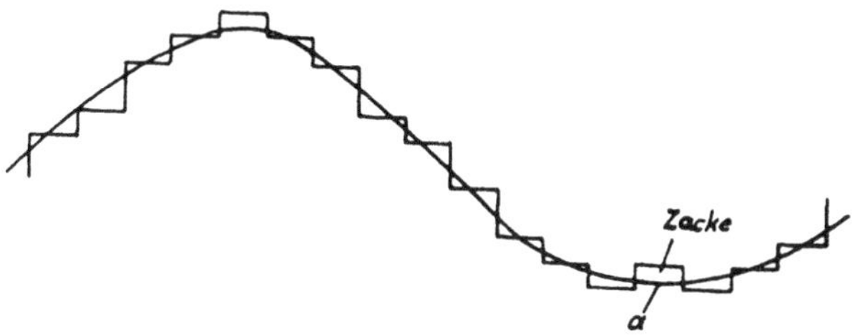

Abb. 55

unsymmetrisch, d. h., gesehnte Faßwicklungen mit q = ungerade Zahl sind bei Motoren möglichst zu vermeiden. Die Schaltung und Phasenzuordnung erfolgt auf bereits bekannte Art.

j) Konstruktion der Felderregerkurve

Wird ein Wechselstromkreis mit einem Ohmschen Widerstand, z. B. mit einer Glühlampe belastet, dann hat, sinusförmige Wechselspannung vorausgesetzt, auch der Strom einen sinusförmigen Verlauf und außerdem hat der Strom dieselbe Phase wie die Spannung, d. h., die Scheitelwerte (Höchstwerte) von Strom und Spannung treten zur selben Zeit auf. Die Stromkurven sehen so aus wie die Spannungskurven der Abb. 20b und es ist z. B. im Schnittpunkt b in

Phase 1 = Phase U die Stromstärke $i = + \quad J_{max}$, in
Phase 2 = Phase V die Stromstärke $i = -0{,}5\ J_{max}$ und in
Phase 3 = Phase W die Stromstärke $i = -0{,}5\ J_{max}$.

Diese Ströme erzeugen gemeinsam ein fast sinusförmiges Magnetfeld und man kann die Felderregerkurve von einer q nutigen Wicklung nach Abb. 115 treppenförmig darstellen. Wählt man als Strommaßstab in diesem Beispiel für Phase U = 5 mm je Spulenseite und für Phasen V und W, den Strömen entsprechend, die Hälfte, also 2,5 mm, dann erhält man die in Abb. 55 gezeichnete, treppenförmige Felderregerkurve durch Aneinanderreihen der augenblicklichen Stromwerte in den einzelnen Nuten, wenn man im Sinne der Pfeilrichtungen der Abb. 54 den Strommaßstab anwendet.

k) Dreiphasiger Nutenplan für die ungesehnte Zweischicht-Ständerwicklung

Bei der Zweischichtwicklung kommt eine Spulenseite in der Unterschicht zu liegen und die andere in der Oberschicht (Abb. 52), d. h., je Nut liegen zwei Spulenseiten übereinander. Bei der Durchmesserwicklung gehören die beiden Spulenseiten einer Nut immer derselben Phase an, bei einer gesehnten Wicklung kommen auch fremdphasige Spulenseiten in der Nut übereinander zu liegen. Aus diesem Grunde wird mitunter die Einschicht-Faßwicklung, insbesondere bei Hochspannung, bevorzugt. Die Abbildung 56 zeigt das Kreisbild für die ungesehnte zweipolige Dreiphasen-Zweischichtwicklung mit den üblichen 6 Nuten, und die Abb. 57 den Nutenplan für eine ungesehnte zweipolige Zweischicht-Dreiphasenwicklung mit 12 Nuten, also $q = 2$. Der Unterschied gegenüber der Einschichtwicklung besteht darin, daß man die Übertragung, den zwei Schichten entsprechend, zweimal durchführt, und zwar nebeneinander, und es gelten folgende Regeln.

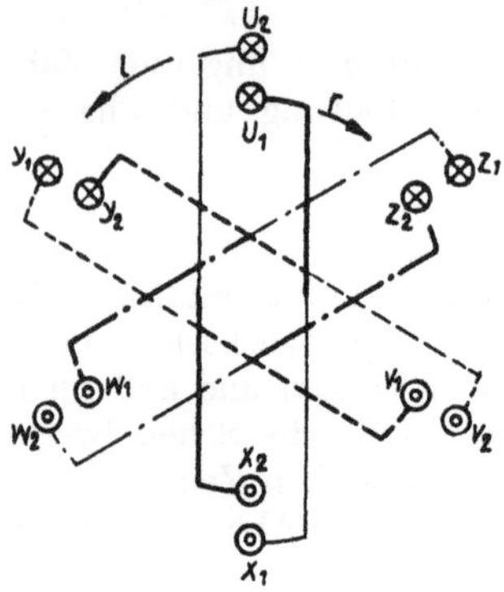

Abb. 56

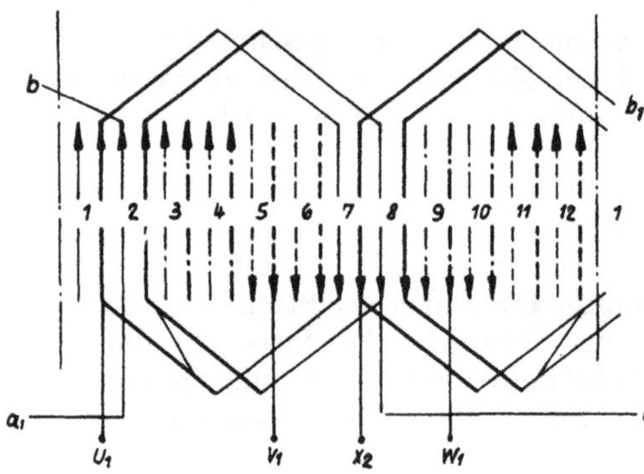

Abb. 57

1. Bei der Ständerwicklung gehören die innenliegenden Spulenseiten des Kreisbildes der Abb. 56 der Oberschicht an und die außenliegenden der Unterschicht.
2. Bei der Zuordnung der Spulenseiten in den Nutenplan beginnt man mit der Übertragung bei der Oberschicht U_1 und setzt sie in Richtung des Pfeiles r, also nach rechts, in der Reihenfolge $+U_1$, $+Z_2$, $-V_1$, $-X_2$, $-W_1$, $+Y_2$ fort. Diese Oberschicht-Spulenseiten sind auf der rechten Seite der Nuten einzutragen und stark zu kennzeichnen. Die Übertragung der Unterschicht beginnt bei U_2 auch in Richtung des Pfeiles r und in der Reihenfolge $+U_2$, $+Z_1$, $-V_2$, $-X_1$, $-W_2$, $+Y_1$. Diese Unterschicht-Spulenseiten sind auf der linken Seite der Nuten einzutragen und schwach zu kennzeichnen.
3. Bei der Schaltung der Spulenseiten zu einer Spule ist zu beachten, daß immer eine oberschichtige Spulenseite (stark) mit einer unterschichtigen (schwach), die immer ungleichsinnig sind, miteinander

zu verbinden sind (Abb. 56). In der Abb. 57 ist die Reihenschaltung der U-Phase durchgeführt und sie zeigt die Darstellung der Spulenköpfe. Demnach verlaufen die oberschichtigen Spulenseiten nach rechts und die unterschichtigen nach links, wie es auch die Abb. 56. und zwar die Pfeile r und l veranschaulichen.

4. Hat eine Maschine mehrere Polpaare p, dann wiederholt sich die Übertragung wieder so oft, als Polpaare vorhanden sind.
5. Ist die Nutenzahl q je Pol und Phase größer als 1, beispielsweise 2, dann werden von der Spulenseite U_1 die ersten zwei aufeinanderfolgenden Nuten im Nutenplan belegt, von der Spulenseite Z_2 die nächsten 2 Nuten usf. (Abb. 57).

Es ist auch üblich, die Zweischichtwicklungen so darzustellen, daß die linke Spulenseite in der Unterschicht liegt und die rechte in der Oberschicht. Es wird deshalb später vereinzelt auch diese Darstellungsweise angewendet.

l) Dreiphasiger Nutenplan für die gesehnte Zweischicht-Ständerwicklung

Es gelten dieselben Regeln wie für die ungesehnte Zweischichtwicklung. Eine Ausnahme macht die Zuordnung der Unterschicht-Spulenseiten, die

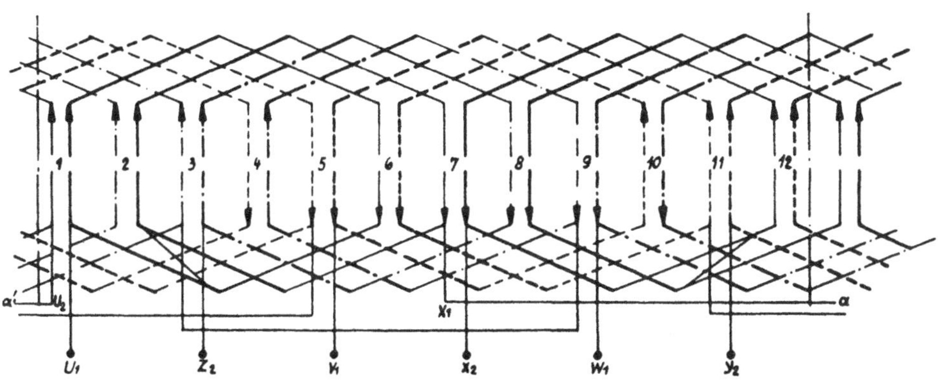

Abb. 58

mit Hilfe des Nutenschrittes, wie bei der Einschicht-Faßwicklung, erfolgt. Hat z. B. die Wicklung der Abb. 57 eine $^5/_6$ Sehnung, also $Y_N = \frac{N}{2p} \cdot \frac{5}{6} = 5$ statt $Y_N = 6$, dann ist bei der Zuordnung der Unterschicht-Spulenseiten wie folgt vorzugehen.

Die erste zu U_1 gehörige Spulenseite X_1 kommt in die Nut $1 + 5 = 6$, und von hier aus wird im Urzeigersinn in der Reihenfolge $-X_1$, $-W_2$, $+Y_1$, $+U_2$, $+Z_1$, $-V_2$ (Abb. 56) die Übertragung fortgesetzt.

Damit erhält man die in Abb. 58 dargestellte $^5/_6$ gesehnte Zweischichtwicklung. Die Polaritäten bzw. Pfeilrichtungen sind der Abb. 56 zu entnehmen, und es besteht natürlich auch hier jede Nutspule aus zwei ungleichsinnigen Spulenseiten. Die Abb. 58 zeigt die vollständige Schaltung, und es sind die beiden Halbgruppenspulen in Reihe geschaltet.

Bei Nut 4 und 10 entsteht in der Felderregerkurve eine Abflachung (entgegengesetzte Pfeilrichtung). Da sie aber in beiden Halbwellen auftritt, bleibt die Felderregerkurve natürlich vollkommen symmetrisch.

m) Dreiphasiger Nutenplan für die Wicklung von Schleifringläufer-Motoren

Für die normalen Einschicht-Spulenwicklungen mit dünnen Drähten gilt der Nutenplan der Abb. 38. Für die Zweischicht-Stabanker gilt das Kreisbild der Abb. 59, das sich von der Abb. 56 nur dadurch unterscheidet, daß die Oberschicht außen liegt und die Unterschicht innen. Hat der Stabanker nur einen Ober- und einen Unterstab je Nut, dann gilt auch der für die Ständer-Zweischichtwicklung aufgestellte Nutenplan mit den zugehörigen Regeln. Sehr häufig liegen aber mehrere Stäbe nebeneinander in jeder Schicht und es zeigt die Abb. 61 eine Nut von einer Zweilagenwicklung, wenn man Stab 1 und 2 mit Lage L_1 und Stab 3 und 4 mit Lage L_2 bezeichnet. Demnach sind je Nut so viele Schichtenpaare im Nutenplan einzutragen, als Lagen L vorhanden sind. Das Schichtenpaar wird wieder mit einem dicken Pfeil für die

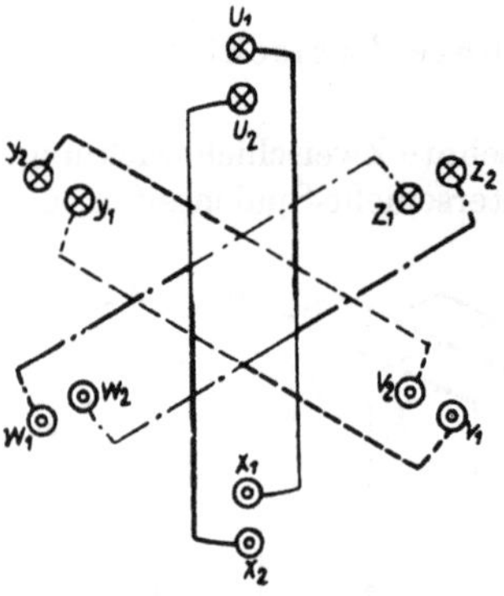

Abb. 59

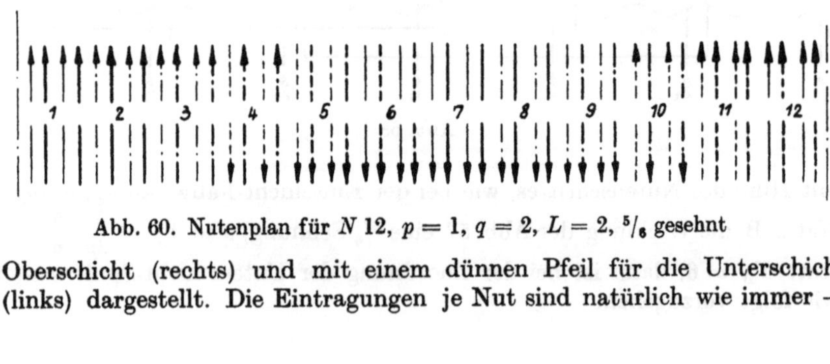

Abb. 60. Nutenplan für N 12, $p = 1$, $q = 2$, $L = 2$, $^5/_6$ gesehnt

Oberschicht (rechts) und mit einem dünnen Pfeil für die Unterschicht (links) dargestellt. Die Eintragungen je Nut sind natürlich wie immer —

q mal — nebeneinander durchzuführen. Die Abb. 60 zeigt den Nutenplan für eine dreiphasige Zweischichtwicklung mit $N = 12$, $p = 1$, $q = 2$, $L = 2$, und zwar $^5/_6$ gesehnt, und es wird die Unterschicht wieder mit Hilfe des Nutenschrittes $Y_N = \frac{N}{2p} \cdot \frac{5}{6} = 5$ eingetragen. Bei der Durchmesserwicklung benötigt man keinen Nutenschritt zur Wicklungsauslegung und es wird die Übertragung bei U_2 im Uhrzeigersinn fortgesetzt, so wie bei der Ständer-Zweischichtwicklung (Abb. 56).

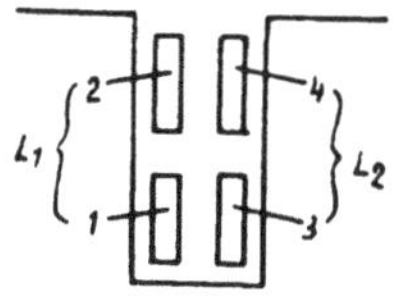

Abb. 61

n) Wicklungsauslegung mit Hilfe der elektrischen Grade

Bei der 2poligen Drehstromwicklung nimmt jede Gruppenspulenseite $^1/_6$ des Umfanges, also $360 : 6 = 60^0$ räumlich ein (Abb. 37). Bei einer größeren Polzahl vermindern sich die räumlichen Grade im Verhältnis der Polpaarzahl p. Zum Beispiel werden bei einer 6poligen Drehstromwicklung nur mehr $60^0/p = 60/3 = 20^0$ räumlich von einer Gruppenspulenseite besetzt, d. h., der räumliche Winkel hat sich auf $^1/_3$ vermindert, weil man zur Erzeugung einer Periode im 2poligen System 360^0 räumlich benötigt (vgl. Abb. 20) und im 6poligen System natürlich nur $^1/_3$ davon. Demnach können bei Wechselstromwicklungen die Phasenanfänge immer auf N/p Nuten bzw. auf ein Polpaar aufgeteilt werden. Man hat auch deshalb den Begriff elektrische Grade $0_{el} = 360 \cdot p$ (1080^0 bei $p = 3$) eingeführt, d.h., jedes Polpaar p hat 360 elektrische Grade. Vergleicht man eine Dreiphasenwicklung mit $p = 1$ und $p = 3$ mit derselben Nutenzahl q je Pol und Phase miteinander (z. B. $q = 3$), dann ist die Nutenzahl bei

$$p = 1 \;\dots\; N = 2 \cdot p \cdot q \cdot m = 2 \cdot 1 \cdot 3 \cdot 3 = 18 \text{ und bei}$$
$$p = 3 \;\dots\; N = 2 \cdot p \cdot q \cdot m = 2 \cdot 3 \cdot 3 \cdot 3 = 54.$$

In elektrischen Graden ist daher der Nutenwinkel mit

$$\frac{360}{18} = 20^0 \quad \text{und} \quad \frac{1080}{54} = 20^0$$

in beiden Fällen vollkommen gleich geblieben, somit kann sich auch hinsichtlich der Wicklungsfaktoren (vgl. Abschnitt IV) an der Maschine nichts ändern.

Merkregel:

Die Phasenanfänge einer normalen Wechselstromwicklung können immer, unabhängig von der Polzahl, auf ein Polpaar oder auf 360 elektrische Grade aufgeteilt werden.

B. Ständer-Einschichtwicklungen

Bei diesen Wicklungen ist der Nutenplan nach Abb. 38 anzuwenden und es wird nachstehend für die wichtigsten Wicklungen das Wicklungsschema gezeichnet. Die einzelnen Wicklungen unterscheiden sich untereinander im wesentlichen nur durch die verschiedenartige Ausführung der Spulenköpfe.

a) Abb. 62. Zweiebenenwicklung

Die Gruppenspulen dieser Wicklung bestehen aus Nutspulen ungleicher Weite (vgl. Abb. 46) und es sind die Spulenköpfe an den beiden Stirnseiten der Maschine in 2 Ebenen, etwa nach Abb. 63, angeordnet. Die zu einer

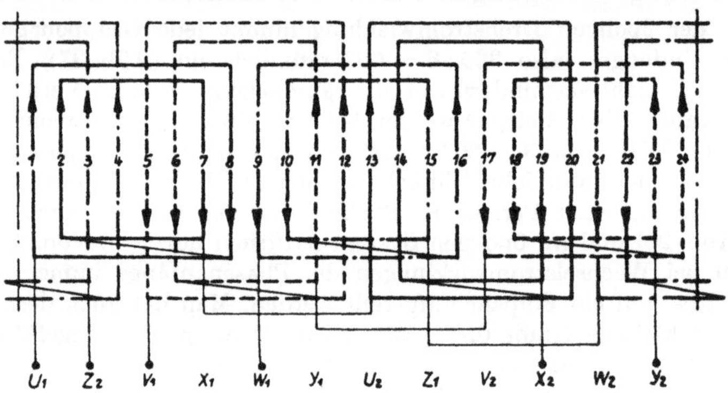

Abb. 62. $N = 24$, $m = 3$, $p = 2$, $q = 2$, Reihenschaltung

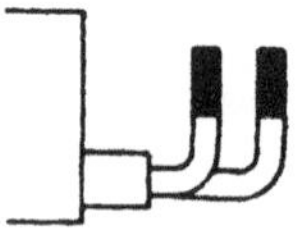

Abb. 63

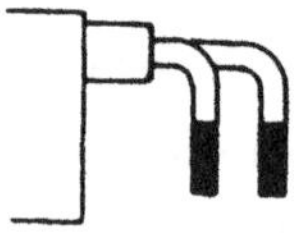

Abb. 63a

Phase gehörigen Gruppenspulen liegen abwechselnd in der ersten Ebene (kurze Spulen) und in der zweiten Ebene (lange Spulen). Die beiden Gruppenspulen können in Reihe geschaltet werden oder 2fach parallel. Diese Wicklung mit

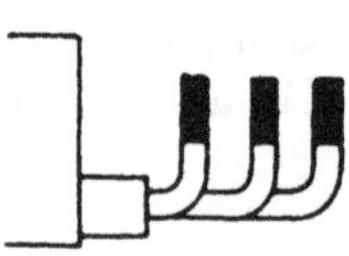

Abb. 64

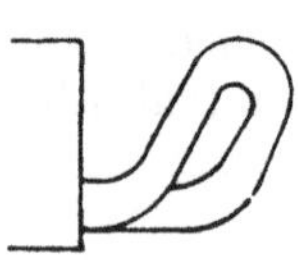

Abb. 65

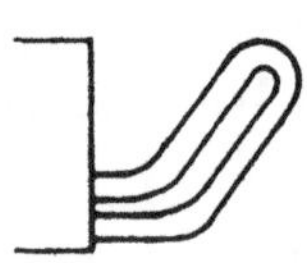

Abb. 66

$q = 2$ und $p = 2$ könnte ausnahmsweise sogar 4fach parallel geschaltet werden, weil die 4 Nutspulen je Phase spannungs- und phasengleich sind (vgl. Abb. 45a). Die Parallelschaltbarkeit von Wechselstromwicklungen wird noch im Abschnitt II F ausführlich behandelt.

b) Abb. 67. Zweiebenenwicklung mit gekröpfter Spule

Ist die Polpaarzahl $p =$ ungerade, z. B. $p = 3$ (6polige Maschine), dann ist die Wicklung nur mit einer gekröpften Spule, die von einer Ebene in

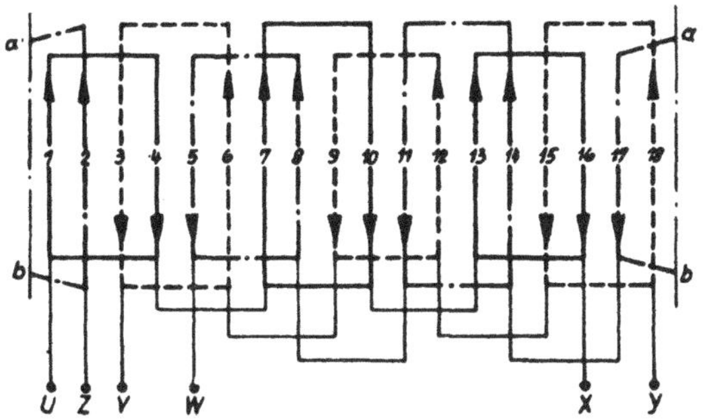

Abb. 67. $N = 18$, $m = 3$, $p = 3$, $q = 1$ Reihenschaltung

die andere führt, ausführbar. Der besseren Übersicht wegen wurde die Wicklung mit $q = 1$ gewählt.

c) Abb. 68. Dreiebenenwicklung

Die Gruppenspulen dieser Wicklung bestehen aus Nutspulen ungleicher Weite, wenn q größer als 2 ist (vgl. Abb. 49), und es sind die Spulenköpfe

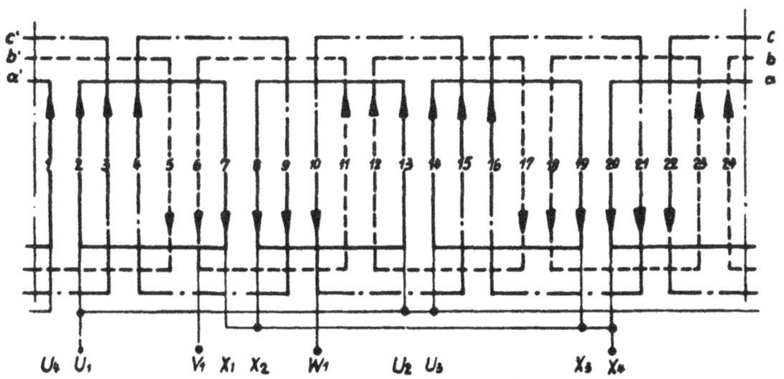

Abb. 68. $N = 24$, $m = 3$, $p = 2$, $q = 2$, 4fach parallel

an den beiden Stirnseiten in drei Ebenen, etwa nach Abb. 64, angeordnet. Jede Gruppenspule ist in zwei Halbgruppenspulen unterteilt und nach rechts und links aufgeteilt (vgl. Abb. 49). Alle Spulen einer Phase liegen in einer Ebene und es eignet sich daher diese Wicklung wegen der Spulengleichartigkeit bestens für Parallelschaltungen. Ist die Nutenzahl q je Pol und Phase ungerade, z. B. $q = 5$, dann bildet man Halbgruppenspulen mit $q = 3$ und $q = 2$. Der besseren Übersicht wegen ist nur die *Phase U* geschaltet.

d) Abb. 69. Dreiebenen-Gruppenwicklung

Diese Wicklung kommt meistens nur bei Großmaschinen mit geteilten Ständern und bei Bruchlochwicklungen vor. Die Gruppenspulen sind nicht unterteilt, es sind daher $p \cdot m$-Gruppenspulen erforderlich wie bei der Zweiebenenwicklung. Bei dieser Wicklung wird nur eine Phase, in diesem Beispiel die W-Phase, rück-, statt vorschreitend geschaltet. An der Polarität ändert sich dadurch nichts (vgl. Pfeilrichtung der Phase W) und es werden auf diese Art alle drei Gruppenspulen auf ein Polpaar zusammengedrängt

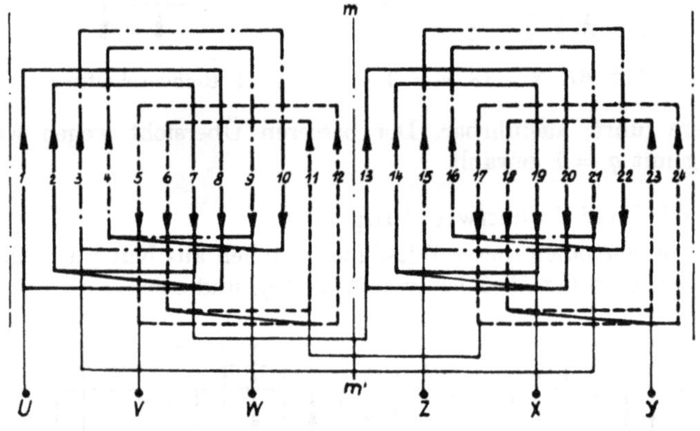

Abb. 69. $N = 24$, $m = 3$, $p = 2$, $q = 2$ Reihenschaltung

(konzentriert), d. h., es werden die Trennstellen m—m', die p mal vorkommen, von keinem Spulenkopf überbrückt. Wegen der Rückschaltung der einen Phase bleibt ein Restfeld im Stirnraum stehen, weshalb zur Kompensation bei großen Maschinen mitunter Kurzschlußringe über den Spulenköpfen angebracht werden. Formt man die Spulen nur auf einer Seite auf Schablonen vor und auf der anderen Seite erst nach dem Einschieben in die Nuten, dann können alle Gruppenspulen, wie angegeben, mit gleicher Länge hergestellt werden. Diese Wicklung läßt sich auch mit Spulen gleicher Weite ausführen.

e) Abb. 70. Korbwicklung mit 2fach übereinanderliegenden Phasen

Es besteht jede Gruppenspule aus Spulen ungleicher Weite (vgl. Abb. 47). Die Spulenköpfe gehen von einer Ebene in die andere über und es haben

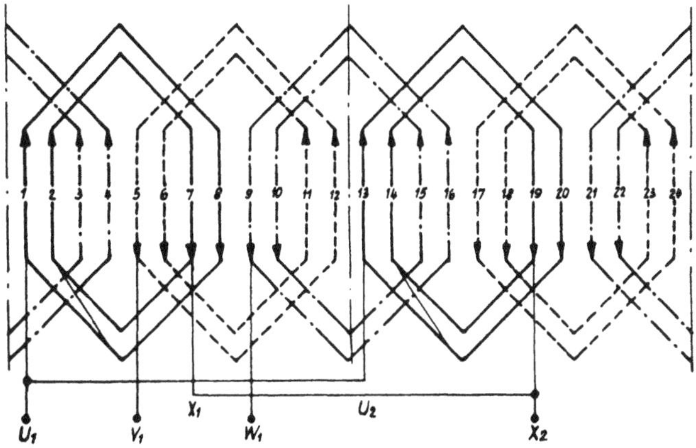

Abb. 70. $N = 24$, $m = 3$, $p = 2$, $q = 2$, 2fach parallel

die Spulenköpfe etwa die Form nach Abb. 65. Bezüglich der Parallelschaltbarkeit ist sie der Zweiebenenwicklung nach Abb. 62 gleichwertig. (Nur Phase U geschaltet.)

f) Abb. 71. Korbwicklung mit 3fach übereinanderliegenden Phasen

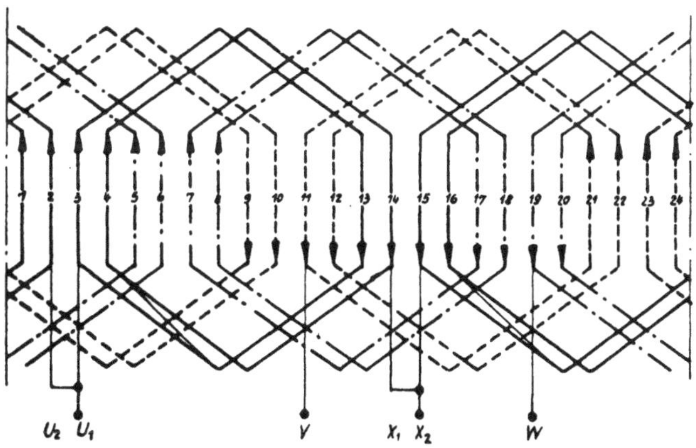

Abb. 71. $N = 24$, $m = 3$, $p = 1$, $q = 4$, 2fach parallel

Es besteht jede Gruppenspule aus Spulen gleicher Weite, und es sind die Gruppenspulen in Halbgruppenspulen unterteilt und nach rechts und links aufgeteilt (vgl. Abb. 50). Die Spulenköpfe sind etwa nach Abb. 65 geformt. (Nur Phase U geschaltet.)

g) Abb. 72. Ungesehnte Faßwicklung

Bei der ungesehnten Wicklung ist der Nutenplan nach Abb. 38 anzuwenden und bei der gesehnten Wicklung der Nutenplan nach Abb. 53.

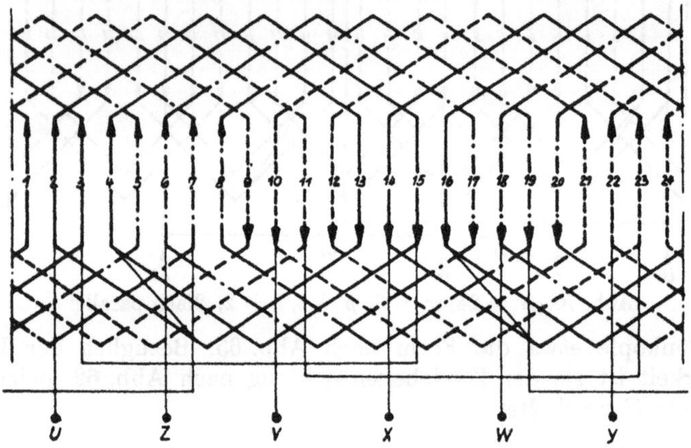

Abb. 72. $N = 24$, $m = 3$, $p = 1$, $q = 4$, Reihenschaltung

Die Gruppenspulen bestehen aus Spulen gleicher Weite. Diese Wicklung unterscheidet sich von der Korbwicklung der Abb. 71 dadurch, daß nicht nebeneinanderliegende Nutspulen eine Halbgruppenspule bilden, sondern solche, die um eine Nut auseinanderliegen.

h) Abb. 73. Faßwicklung $^3/_4$ gesehnt

Sie unterscheidet sich von der Wicklung nach Abb. 72 nur durch die Sehnung. Durch die Sehnung entsteht in Nut 7 und 18 eine entgegengesetzte Stromrichtung, wodurch beide Halbwellen der Felderregerkurve symmetrisch abgeflacht werden. Diese Wicklung gibt, wie bereits an anderer Stelle erwähnt, mit $q =$ ungerade nur als Durchmesserwicklung eine symmetrische Feldkurve. Die Spulenköpfe sind nach Abb. 65 geformt. Es ist der besseren Übersicht wegen wieder nur die Phase U geschaltet.

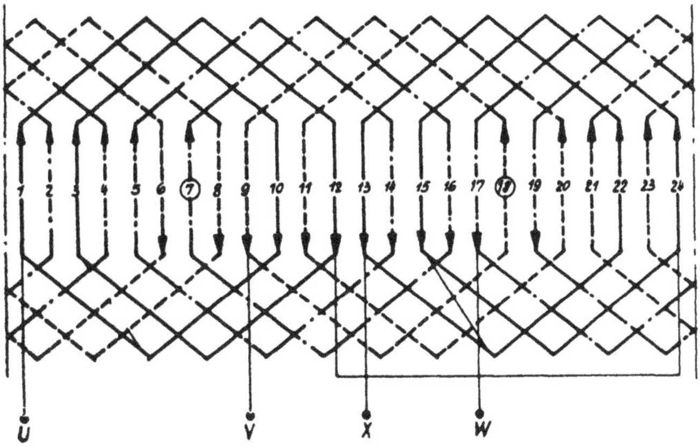

Abb. 73. $N = 24$, $m = 3$, $p = 1$, $q = 4$, Reihenschaltung

i) Abb. 74. Zweiphasen-Einschichtwicklung

Die Zweiphasenwicklung, die nur mehr selten vorkommt, führt man meistens so aus, daß jede Phase in einer Ebene zu liegen kommt, also mit geteilten Gruppenspulen. Mit dem Nutenplan der Abb. 41 erhält man die in Abb. 74 dargestellte Wicklung.

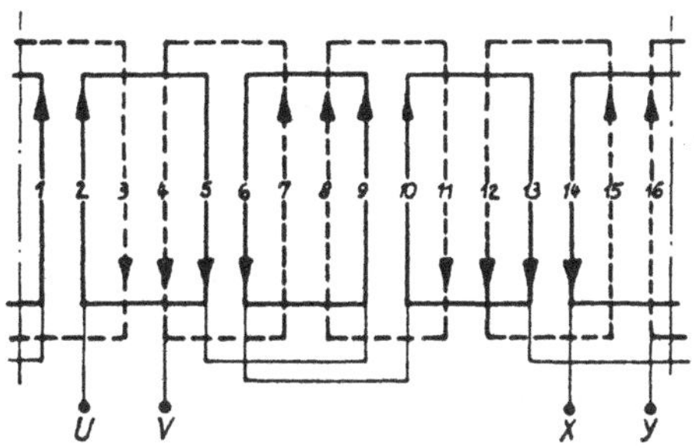

Abb. 74. $N = 16$, $m = 2$, $p = 2$, $q = 2$

j) Abb. 75. Einphasen-Einschichtwicklung

Diese Wicklung führt man als Einschichtwicklung meistens mit Spulen

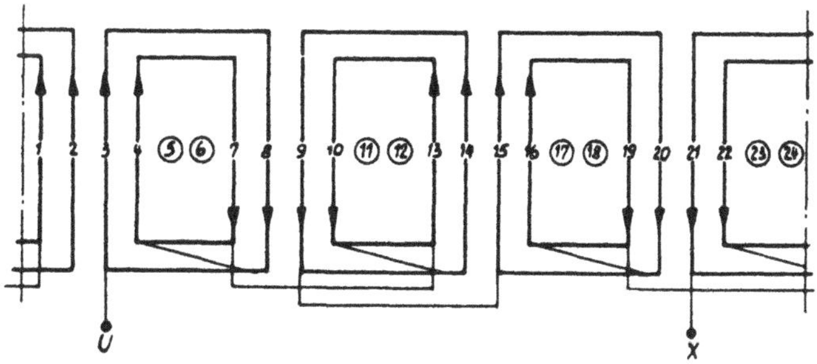

Abb. 75. $N = 24$, $p = 2$, $q = 4$

ungleicher Weite und mit geteilter Gruppenspule nach Abb. 75 aus. Bekanntlich werden nur $^2/_3$ Nuten bewickelt, und man erhält mit dem Nutenplan der Abb. 43 die in Abb. 75 dargestellte Wicklung.

C. Ständer-Zweischichtwicklungen

Bei dieser Wicklung ist der Nutenplan nach Abb. 56, 57 und 58 anzuwenden. Da ungesehnte Zweischicht-Ständerwicklungen praktisch kaum vorkommen, wird nachstehend nur die gesehnte Zweischichtwicklung behandelt. Die gesehnte Zweischichtwicklung wird nicht nur bei den Generatoren zur Unterdrückung der Oberwellen angewendet, sondern sehr häufig auch bei den Motoren, und zwar von der kleinsten bis zur größten Leistung, so daß auch kleine Reparaturwerkstätten in neuester Zeit sehr viel mit diesen Wicklungen zu tun haben. Sie bietet bei Motoren folgende Vorteile:

1. Durch die Sehnung kann besonders bei 2poligen Motoren die Wickelkopfausladung beträchtlich vermindert werden und es wird häufig bei 2poligen Motoren eine $^3/_4$ oder $^2/_3$ Sehnung angewendet.

2. Da bei der Zweischichtwicklung jede Nutspule unterteilt ist, und außerdem eine Spulenseite am Nutengrund und die andere am Nutenkopf zu liegen kommt, ist die Wicklung besser durchlüftet als eine Einschichtwicklung. Da die gesehnte Wicklung auch die Zusatzverluste vermindert (Unterdrückung der Oberwellenverluste), bringt die gesehnte Zweischichtwicklung gegenüber der normalen Einschichtwicklung eine Leistungssteigerung von etwa 10%, was bei Neuwicklungen von alten Motoren ausgenutzt werden kann. Durch die Sehnung verschlechtert sich allerdings der Wicklungsfaktor (vgl. Abschn. IV). Es ist daher bei einer $^5/_6$ Sehnung die Stabzahl um rund 5% zu erhöhen, damit die magnetischen Verhältnisse in der Maschine unverändert bleiben, und bei einer $^2/_3$ Sehnung um 15%.

3. Die Zweischicht-Ganzlochwicklung ist $2p$mal parallelschaltbar, was besonders bei größeren Niederspannungsmaschinen wegen der sonst zu großen Leiterquerschnitte von Vorteil ist.

Es zeigt die Abb. 58 eine 2polige und $^5/_6$ gesehnte Zweischichtwicklung. Fügt man dasselbe Polpaar nochmals an, dann wird daraus eine 4polige Wicklung mit 24 Nuten, d. h. durch Anreihung von Polpaaren kann die Polzahl um das $p$fache erhöht werden. Es stellt die Abb. 58 daher z. B. auch das erste Polpaar von einer 6poligen Maschine mit 36 Nuten dar. Da bei Ganzlochwicklungen die Wicklung in den einzelnen Polpaaren untereinander vollkommen gleich ist, wird bei Ständerwicklungen meistens auch nur ein Polpaar dargestellt. Die Abb. 76 zeigt das erste Polpaar von einer 4poligen Zweischichtwicklung mit der üblichen rd. $^4/_5$ Sehnung, also mit dem Nutenschritt $Y_N = \frac{N}{2p} \cdot \frac{4}{5} = 7$, somit 1 in 8. Die Spulenköpfe gehen von einer Wicklungsschicht in die andere über und es haben die Spulenköpfe etwa die Form nach Abb. 66. Die Verbindungen der Nut-

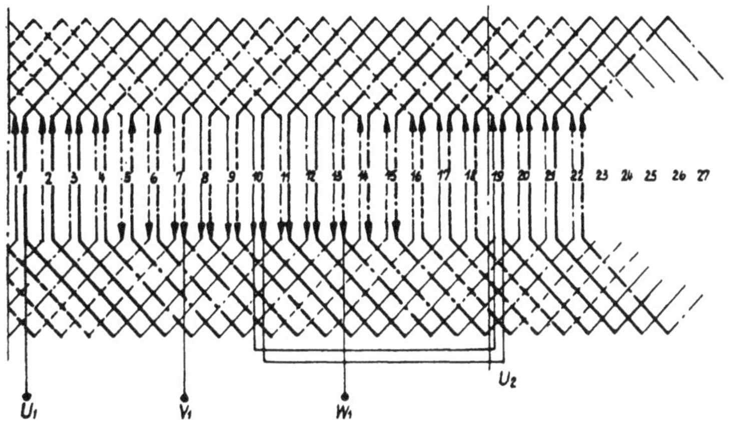

Abb. 76. $N = 36$, $m = 3$, $p = 2$, $q = 3$, Reihenschaltung

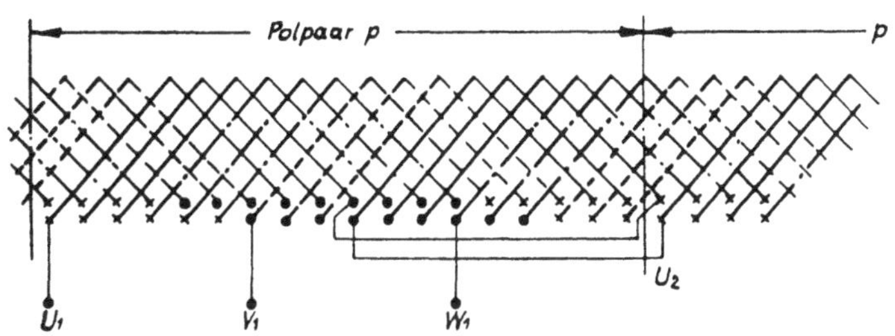

Abb. 77. $N = 36$, $m = 3$, $p = 2$, $q = 3$, Reihenschaltung

spulen untereinander wurden der besseren Übersicht wegen in den Abb. 76 und 77 weggelassen, weiter wurde nur die U-Phase geschaltet.

Die bisherige Darstellung der Wicklungen ist sehr anschaulich, aber besonders bei Zweischichtwicklungen zeitraubend. Es wird daher nachstehend noch eine in der Praxis übliche Darstellung angegeben. Die Spulenköpfe sind auf den beiden Stirnseiten gleich geformt, weshalb nur eine Seite schematisch gezeichnet wird (vgl. auch Abb. 46—52); die Verbindungen innerhalb einer Gruppen- oder Halbgruppenspule werden weggelassen. Auf diese Weise erhält man für die Schleifenwicklung der Abb. 76

die in Abb. 77 dargestellte Wicklung. Der Nutenplan wird auf dieselbe Art aufgestellt, nur mit dem Unterschied, daß an die Stelle der Pfeile die Polaritäten ⊕ und ⊙, entsprechend der Abb. 56, treten, und daß die Ober- und Unterschicht nicht nebeneinander, sondern übereinander gezeichnet werden. Der Lage im Ständer entsprechend befindet sich die Oberschicht unten und die Unterschicht oben. Bei dieser Darstellung verwendet man zweckmäßig für jede Phase einen anderen Farbstift, wodurch die Wicklung besonders übersichtlich wird. Es wurde nur ein Polpaar gezeichnet und nur die Phase U geschaltet, damit die Übersicht nicht verloren geht.

D. Schleifringläuferwicklungen

a) Allgemeines

Bei kleinen Motoren werden die Schleifringläufer so bewickelt wie die Ständer, d. h. es wird Runddraht verwendet und die Wicklung selbst wird als Zwei- oder Dreiebenenwicklung ausgeführt, weshalb diese Wicklungsart hier nicht mehr behandelt wird. Die Spulenköpfe sind in diesem Falle nach innen (vgl. Abb. 63a) gekröpft.

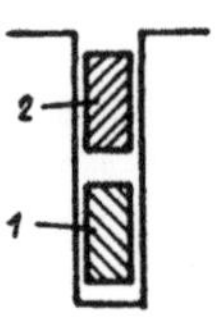

Abb. 78a

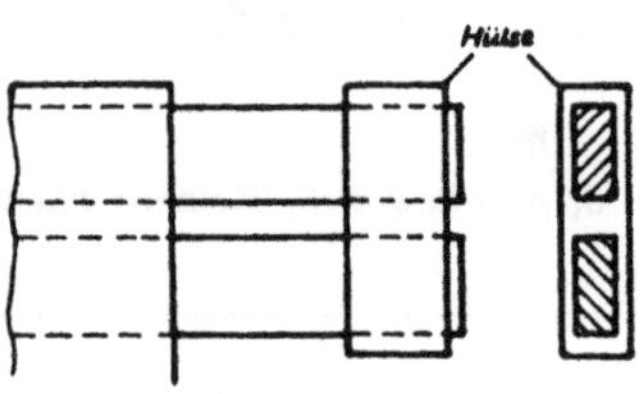

Abb. 78b

Die größeren Schleifringläufer werden als Stabanker ausgeführt und es kommen Stabquerschnitte von etwa 10 bis 100 mm² $= 20 \cdot 5$ vor. Diese hohen Stäbe können beim Läufer verwendet werden, weil die Betriebsfrequenz bei großen Motoren höchstens einige Prozent der Netzfrequenz beträgt, so daß keine größeren Stromverdrängungsverluste auftreten.

Die Stabwicklungen werden ähnlich wie die Gleichstromankerwicklungen entweder als Schleifen- oder Wellenwicklung in zwei Schichten ausgeführt. Auch die Anzahl der Stäbe je Schicht kann größer als „Eins" sein, und man nennt daher derartige Wicklungen auch aufgeschnittene Gleichstrom-Ankerwicklungen. Zum Beispiel zeigt die Abb. 61 die Stabanordnung von einer Zweilagen-Wicklung, und die Abb. 78a von einer Einlagen-Wicklung, wenn man Stab 1 und 2 als Lage L bezeichnet. Die Verbindung Ober- mit Unterstäben erfolgt meistens mittels Hülsen nach Abb. 78b durch Weichlötung. Die Schaltung der einzelnen Phasen erfolgt entweder mit Schaltbügeln oder mit Wendestäben. Bei der Wendestabwicklung erfolgt die Rückschaltung dadurch, daß in der Nut selbst ein Stab von einer Schicht in die andere geführt wird, wodurch man sich die Schaltbügel erspart.

Die Nutenzahl je Pol und Phase ist wieder $q = N/2 \cdot p \cdot m$ und es wird auch bei diesen Wicklungen $q = 2$ selten unterschritten, weil sonst die Streuung zu groß wird.

b) Schleifenwicklung mit Schaltbügeln

Bei den zweipoligen Motoren wird häufig die Schleifenwicklung mit stark verkürztem Wickelschritt ($^2/_3$ bis $^5/_6$ gesehnt) angewendet, damit die axiale Spulenkopfausladung nicht zu groß wird. Bei den Ständerwicklungen erfolgt die Sehnung bekanntlich in erster Linie zum Zwecke der Oberwellen-Unterdrückung. Durch die Sehnung vermindert sich natürlich

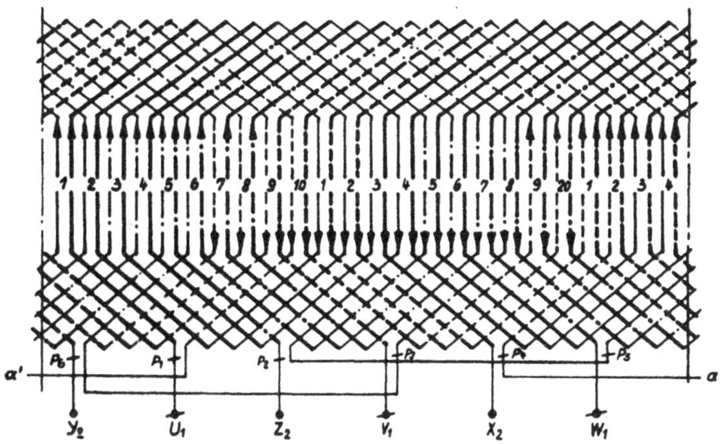

Abb. 79. Stabanker mit Schleifenwicklung, $^5/_6$ gesehnt, 2polig, $q = 4$, $L = 1$

die Läuferspannung, so daß die mit der Sehnung bewirkte Kupferersparnis teilweise wieder verloren geht.

Die Abb. 79 stellt eine $^5/_6$ gesehnte Schleifenwicklung mit $N = 24$, $p = 1$, $q = 4$, $L = 1$ dar. Dieser Nutenplan unterscheidet sich vom Ständer-Nutenplan der Abb. 60 nur durch die Nutenzahl, weil $q \cdot L = 4$ in beiden Fällen gleich groß ist.

$$\text{Der Nutenschritt } Y_N = \frac{N}{2p} \cdot \frac{5}{6} = 10, \text{ also 1 in 11.}$$

Die Wicklung ist an den 6 Punkten $P\,1$ bis $P\,6$ aufgeschnitten, weshalb sie auch als sechsfach aufgeschnittene Gleichstrom-Ankerwicklung bezeichnet wird.

Führt man U, V und W zu den Schleifringen und schließt man X, Y und Z miteinander kurz, dann ist die Wicklung in ⅄ geschaltet.

Verbindet man U mit Z, V mit X und W mit Y, und führt man von jeder Verbindungsstelle einen Anschluß zum Schleifring, dann ist die Wicklung in Δ geschaltet.

Diese Schleifenwicklung hat also eine große Ähnlichkeit mit der Zweischicht-Ständerwicklung (vgl. Abb. 58).

c) Wellenwicklung mit Umkehrbügeln

Bei den höherpoligen Motoren wird meistens die Zweischicht-Wellenwicklung, auch Umlaufwicklung genannt, angewendet, u. zw. als **Durchmesserwicklung.**

Eine einfache Wellenwicklung entsteht, wenn man Windungen in Reihe schaltet, die um etwa eine Polpaarteilung p voneinander entfernt sind (Abb. 80), und es werden nachstehend allgemeingültige Regeln aufgestellt, die später auch bei der Ermittlung der Wicklungsenden, u. zw. ohne Schaltschema, benötigt werden. In der Praxis zeichnet man nämlich selten einen vollständigen Wicklungsplan; es genügt in den meisten Fällen die Angabe der Wicklungsenden. Regeln:

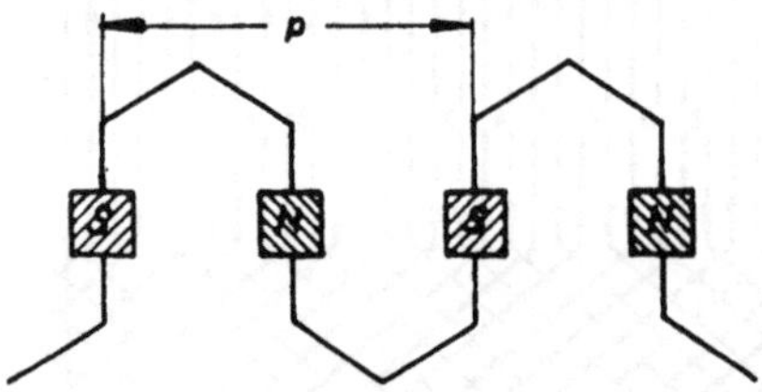

Abb. 80

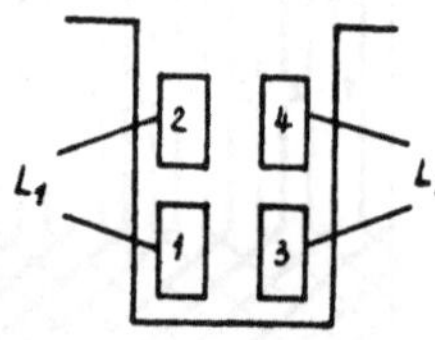

Abb. 81

1. Die Anzahl der einzelnen Wellen (Umläufe) je Phase ist gleich der Anzahl der q Nuten mal der Stablagen L je Nut, also $q \cdot L$. Die Abb. 81 zeigt außer der Lagenanzahl auch die Numerierung der Stäbe in der Nut. Demnach befinden sich die geradzahligen Stäbe in der Oberschicht und die ungeradzahligen Stäbe in der Unterschicht.

2. Die Phasenanfänge sind womöglich gleichmäßig am Ankerumfang zu verteilen und es beginnt die Welle

   für d. Halbphase U_1 bei Nut $1 \cdot q$ u. beim rechten oberen Stab,
   für d. Halbphase V_1 bei Nut $1 \cdot q + N\frac{1}{3}$ u. beim rechten oberen Stab,
   für d. Halbphase W_1 bei Nut $1 \cdot q + N\frac{2}{3}$ u. beim rechten oberen Stab.

   Die Wicklungsenden werden bei rotierenden Wicklungsträgern, wenn möglich, symmetrisch am Umfang verteilt, um eine Gewichtsverlagerung (gibt Unwucht) zu vermeiden, und es werden die Ausnahmen später besprochen.

3. Eine Welle entsteht dadurch, daß man abwechselnd einen Oberstab mit einem Unterstab, die um etwa eine Polteilung voneinander entfernt sind, miteinander verbindet. In der Welle ist der Wicklungsschritt $y = N/2p$ und beim Übergang von einer Welle in die andere ist $y' = \frac{N}{2p} - L$, d. h. der Schritt ist um eine Stablage L zu kürzen, damit man nicht auf den Ausgangsstab gelangt (Abb. 82). Befindet sich nur eine Lage L in der Nut, dann verkürzt sich der Schritt natürlich um eine Nut.

4. Sind die $q \cdot L$ Rechtsumläufe, ausgehend von U_1, V_1 und W_1 vollzogen, dann ist die Hälfte der Wicklung geschaltet, und es sind damit auch die Wicklungsenden X_1, Y_1 und Z_1 gegeben.

5. Die zweite Wicklungshälfte wird im Rück- oder Linkslauf geschaltet. Diese Umläufe beginnen immer
   für die Halbphase U_2 bei Nut 1 und beim linken unteren Stab,
   für die Halbphase V_2 bei Nut $1 + N\frac{1}{3}$ und beim linken unteren Stab,
   für die Halbphase W_2 bei Nut $1 + N\frac{2}{3}$ und beim linken unteren Stab.
   Damit sind auch die Wicklungsenden X_2, Y_2 und Z_2 gegeben.

6. Zu den Schleifring-Anschlüssen gehören die Wicklungsenden U_1, V_1, W_1. Zu den Umkehrbügel-Anschlüssen gehören die Wicklungsenden $X_1 - U_2$ und $Y_1 - V_2$ und $Z_1 - W_2$.
   Zu den Sternpunkt-Anschlüssen gehören X_2, Y_2 und Z_2.

Bei diesen Regeln ist folgendes zu beachten: Bei der 2poligen Maschine fallen die Phasenanfänge auf je $^1/_3$ Ankerumfang. Bei der vierpoligen Maschine würde man bei normaler Phasenaufteilung je Polpaar, mit Hilfe der elektrischen Grade, bei $N\frac{1}{3}$ mit der V-Phase auf die W-Phase und bei $N\frac{2}{3}$ mit der W-Phase auf die V-Phase kommen, was natürlich belanglos ist. Bei der sechspoligen Maschine ist eine symmetrische Aufteilung der Phasenanfänge am Ankerumfang überhaupt nicht möglich, weil bei $N\frac{1}{3}$ Nuten bereits das 2. Polpaar mit derselben Phase beginnt. Man verlegt daher in diesem Falle jeden Phasenanfang in ein anderes Polpaar und es ist $U_1 = U_1$, aus V_2 wird V_1 und aus W_3 wird W_1 (vgl. Abb. 84), weil auf jedes Polpaar eine Phasenspule entfällt und jede Phasenspule als Phasenanfang gewählt werden kann. Mit $p = 3$ ergibt sich daher folgende Phasenaufteilung:

U_1 in Nut $1 \cdot q$; V_1 in Nut $1 \cdot q + N\frac{1}{3} + 2q$; W_1 in Nut $1 \cdot q + N\frac{2}{3} + 4q$,

weil der gegenseitige Phasenabstand je Polpaar $2\,q$ Nuten beträgt. Bei 8 Polen fallen die 3 Phasen auf je $^1/_3$ Ankerumfang wieder in der Reihenfolge U, V, W. Bei der zehnpoligen Maschine ergibt sich wieder die Reihenfolge U, W, V und bei 12 Polen; also $p = 6$ ergeben sich ähnliche Verhältnisse wie bei $p = 3$, d. h. es ist keine räumlich symmetrische Aufteilung möglich. Dazu einige Beispiele.

d) Vorgang bei der Zeichnung des Wicklungsschemas

1. Beispiel:

Der Nutenplan wird mit Hilfe des Kreisbildes der Abb. 59 für die Durchmesserwicklung auf bereits bekannte Art aufgestellt und es zeigt die

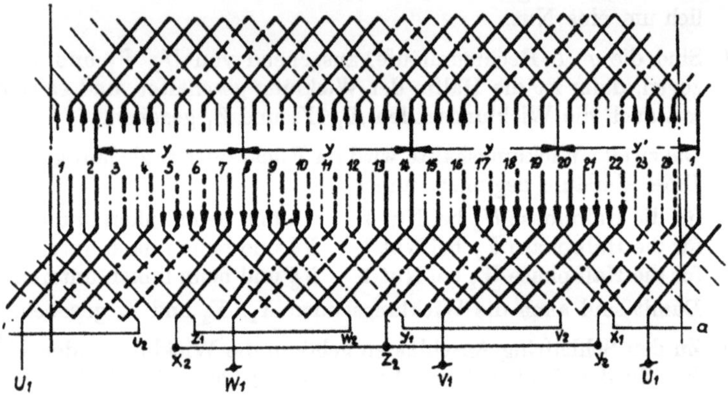

Abb. 82. Stabanker mit Wellenwicklung, 4polig, $q = 2$, $L = 1$

Abb. 82 die Wicklung für eine Dreiphasen-Zweischichtstabwicklung mit $N = 24$, $p = 2$, $q = 2$, $L = 1$.

Die Rechtsumläufe beginnen

für die Halbphase U_1 in Nut $1 \cdot q$, also in Nut 2, Stab 2 (Starkstrich)
für die Halbphase W_1 in Nut $1 \cdot q + N\frac{1}{3}$, also in Nut 10, Stab 2 (Starkstrich)
für die Halbphase V_1 in Nut $1 \cdot q + N\frac{2}{3}$, also in Nut 18, Stab 2 (Starkstrich)

Die Stäbe der Oberschicht werden dem Nutenschritt entsprechend oben nach rechts und unten nach links abgebogen (gekröpft) und die Stäbe der Unterschicht in entgegengesetzter Richtung. Der Wicklungsschritt

$$y = \frac{N}{2p} = \frac{24}{4} = 6 \text{ und } y' = \frac{N}{2p} - L = 6 - 1 = 5,$$

weil sich bei $L = 1$ der Schritt nicht um eine Lage, sondern um eine Nut verkürzt. Damit bekommt man für die Halbphase U_1—X_1 den Wicklungszug

$$q + y + y + y + y + y + y + y.$$

Somit kann man schreiben:

$$2 + 6 = 8 + 6 = 14 + 6 = 20 + 5 = 1 + 6 = 7 + 6 = 13 + 6 = 19,$$

da die Anzahl der Umläufe $q \cdot L = 2$ ist.

Die Linksumläufe beginnen

für die Halbphase U_2 in Nut 1, also in Nut 1 Stab 1 (Schwachstrich)
für die Halbphase W_2 in Nut $1 + N\frac{1}{3}$, also in Nut 9 Stab 1 (Schwachstrich)
für die Halbphase V_2 in Nut $1 + N\frac{2}{3}$, also in Nut 17 Stab 1 (Schwachstrich)

Damit bekommt man für die Halbphase U_2—X_2 den Wicklungszug

$$1 - y - y - y - y' - y - y - y,$$

somit

$$1 - 19 - 13 - 7 - 2 - 20 - 14 - 8.$$

Die Abb. 82 zeigt die in Serie und Stern geschaltete Wicklung.

2. Beispiel:

Die Abb. 83 zeigt die Wicklung für eine Dreiphasen-Zweischichtstabwicklung mit $N = 24$, $p = 2$, $q = 2$ und $L = 2$. Es befinden sich also zwei Lagen L_1 und L_2 in jeder Nut.

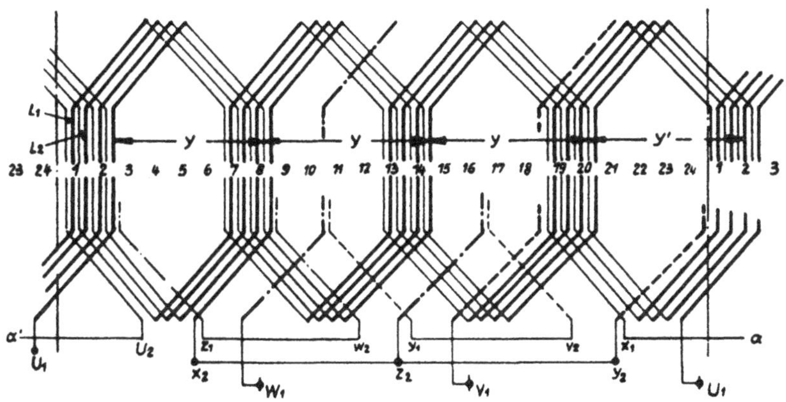

Abb. 83. Stabanker mit Wellenwicklung, 4polig, $q = 2$, $L = 2$

Die Rechtsumläufe beginnen

für U_1 in Nut $1 \cdot q$, also in Nut 2, Stab 4
für W_1 in Nut $1 \cdot q + N\frac{1}{3}$, also in Nut 10, Stab 4
für V_1 in Nut $1 \cdot q + N\frac{2}{3}$, also in Nut 18, Stab 4 .

Der Wicklungsschritt

$$y = \frac{N}{2p} = 6 \text{ und } y' = \frac{N}{2p} - L = 6 - L,$$

d. h. der Umlauf wird bei Lage L_1 fortgesetzt und es sind jetzt $q \cdot L = 4$ Umläufe je Halbphase zu machen. Die übrigen Wicklungsenden nehmen dieselbe Lage ein wie im vorhergehenden Beispiel, so daß es sich erübrigt, darauf näher einzugehen.

Die Abb. 83 zeigt die Reihen-⅄-Schaltung. Der besseren Übersicht wegen ist nur eine Phase geschaltet. Die Wicklung kann auch in △ oder zweifach parallel geschaltet werden.

3. Beispiel:

Die Abb. 84 zeigt die Wicklung für eine Dreiphasen-Zweischichtstabwicklung mit $N = 36$, $p = 3$, $q = 2$ und $L = 1$.

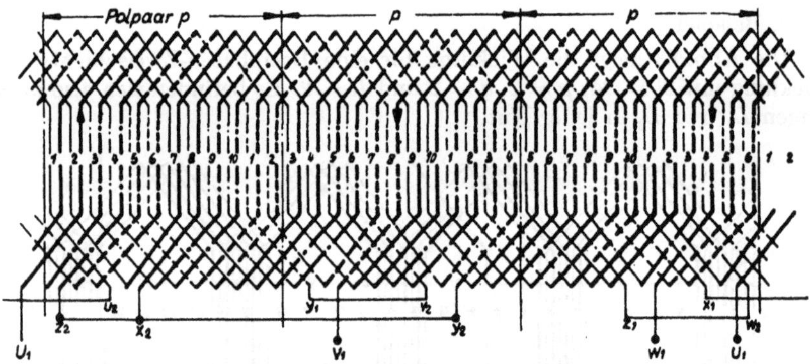

Abb. 84. Stabanker mit Wellenwicklung, 6polig, $q = 2$, $L = 1$

Den Regeln zufolge beginnen die Rechtsläufe

für U_1 in Nut $1 \cdot q$, also in Nut 2, Stab 2
für V_1 in Nut $1 \cdot q + N\frac{1}{3} + 2q$, also in Nut 18, Stab 2
für W_1 in Nut $1 \cdot q + N\frac{2}{3} + 4q$, also in Nut 34, Stab 2

$$y = \frac{36}{6} = 6 \text{ und } y' = \frac{36}{6} - 1 = 5\,.$$

Die übrigen Wicklungsenden ergeben sich mit den angegebenen Regeln und es werden nachstehend noch einfache Formeln für die Ermittlung der Wicklungsenden angegeben.

e) Wicklungsauslegung mit Hilfe eines Lageplanes

Die Werkstätte benötigt zur Ausführung der Wicklung meistens kein Schaltschema. Es genügt ein Lageplan, in welchem nur die Nuten mit den Wicklungsenden angegeben sind, und es wird nachstehend ein einfaches Verfahren angegeben.

Nach unseren Regeln beginnen die Phasenhälften U_1, V_1 und W_1 (Rechtslauf) immer in einer Nut rechts oben, das ist

bei $L = 1$ der Stab 2, bei $L = 2$ der Stab 4 usf. (Abb. 85).

Beginnt nun der Umlauf rechts oben, dann muß er nach $q \cdot L$ Umläufen in einer Nut links unten, also immer bei Stab 1 beendet sein. Weiter beginnen die Phasenhälften U_2, V_2 und W_2 (Linkslauf) immer in einer Nut links unten, das ist immer der Stab 1, und es enden diese Umläufe daher in einer Nut rechts oben, das ist

bei $L = 1$ der Stab 2, bei $L = 2$ der Stab 4 usf.

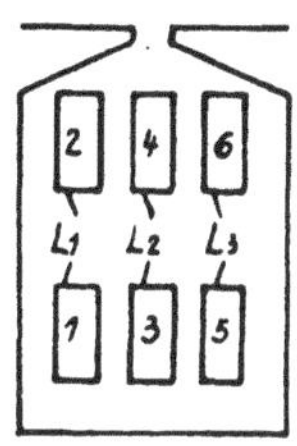

Abb. 85

Wegen dieser Gesetzmäßigkeit braucht man also nur die Nuten mit den Wicklungsenden bestimmen, um die Wicklung ausführen zu können.

Beim Rechtslauf beträgt die Entfernung zwischen Wicklungsanfang und Wicklungsende

$$N_A + y\,(2p—1) — (q—1) \text{ Nuten,}$$

wenn man mit N_A die Ausgangsnut bezeichnet und für den Linkslauf

$$N_A + y + (q—1) \text{ Nuten,}$$

was sich aus Abb. 83 ohne weiteres ergibt, und es werden nachstehend zum Vergleich bei den drei vorstehenden Beispielen die Wicklungsenden mit diesen Formeln ermitteln.

Zu Beispiel 1 mit $N = 24$, $p = 2$, $q = 2$, $L = 1$

U_1 in $N_A = 1 \cdot q = 2$, Stab 2
W_1 in $N_A = 1 \cdot q + N\frac{1}{3} = 10$, Stab 2
V_1 in $N_A = 1 \cdot q + N\frac{2}{3} = 18$, Stab 2
X_1 in $N_A + y\,(2p—1) — (q—1) = 2 + 6 \cdot 3 — 1 = 19$, Stab 1
Z_1 in $N_A + y\,(2p—1) — (q—1) = 10 + 18 — 1 = 27 — 24 = 3$, Stab 1
Y_1 in $N_A + y\,(2p—1) — (q—1) = 18 + 18 — 1 = 35 — 24 = 11$, Stab 1
U_2 in $N_A = 1 = 1$, Stab 1
W_2 in $N_A = 1 + N\frac{1}{3} = 9$, Stab 1
V_2 in $N_A = 1 + N\frac{2}{3} = 17$, Stab 1
X_2 in $N_A = y + (q—1) = 1 + 6 + 1 = 8$, Stab 2
Z_2 in $N_A + y + (q—1) = 9 + 6 + 1 = 16$, Stab 2
Y_2 in $N_A + y + (q—1) = 17 + 6 + 1 = 24$, Stab 2

Zu Beispiel 2 mit $N = 24, p = 2, q = 2, L = 2$

U_1 in $N_A = 1 \cdot q = 2$, Stab 4
W_1 in $N_A = 1 \cdot q + N\frac{1}{3} = 10$, Stab 4
V_1 in $N_A = 1 \cdot q + N\frac{2}{3} = 18$, Stab 4
X_1 in $N_A + y\,(2p-1) - (q-1) = 2+18-1 = 19$, Stab 1
Z_1 in $N_A + y\,(2p-1) - (q-1) = 10+18-1 = 27-24 = 3$, Stab 1
Y_1 in $N_A + y\,(2p-1) - (q-1) = 18+18-1 = 35-24 = 11$, Stab 1
U_2 in $N_A = 1, = 1$, Stab 1
W_2 in $N_A = 1 + N\frac{1}{3} = 9$, Stab 1
V_2 in $N_A = 1 + N\frac{2}{3} = 17$, Stab 1
X_2 in $N_A + y + (q-1) = 1 + 6 + 1 = 8$, Stab 4
Z_2 in $N_A + y + (q-1) = 9 + 6 + 1 = 16$, Stab 4
Y_2 in $N_A + y + (q-1) = 17 + 6 + 1 = 24$, Stab 4

Zu Beispiel 3 mit $N = 36, p = 3, q = 2, L = 1$

U_1 in $N_A = 1 \cdot q = 2$, Stab 2
V_1 in $N_A = 1 \cdot q + N\frac{1}{3} + 2 \cdot q = 2 + 12 + 4 = 18$, Stab 2
W_1 in $N_A = 1 \cdot q + N\frac{2}{3} + 4 \cdot q = 2 + 24 + 8 = 34$, Stab 2
X_1 in $N_A + y\,(2p-1) - (q-1) = 2+30-1 = 31$, Stab 1
Y_1 in $N_A + y\,(2p-1) - (q-1) = 18+30-1 = 47-36 = 11$, Stab 1
Z_1 in $N_A + y\,(2p-1) - (q-1) = 34+30-1 = 63-36 = 27$, Stab 1
U_2 in $N_A = 1 = 1$, Stab 1
V_2 in $N_A = 1 + N\frac{1}{3} + 2q = 1 + 12 + 4 = 17$, Stab 1
W_2 in $N_A = 1 + N\frac{2}{3} + 4q = 1 + 24 + 8 = 33$, Stab 1
X_2 in $N_A + y + (q-1) = 1 + 6 + 1 = 8$, Stab 2
Y_2 in $N_A + y + (q-1) = 17 + 6 + 1 = 24$, Stab 2
Z_2 in $N_A + y + (q-1) = 33 + 6 + 1 = 40 - 36 = 4$, Stab 2

Vergleicht man das Beispiel 1 mit dem Beispiel 2, dann findet man, daß die Wicklungen in denselben Nuten beginnen und aufhören. Es ändert sich also nur die Stabnummer entsprechend der Lagenzahl L.

f) Aufgeschnittene Wellenwicklung mit Umkehrbügeln

Der Nutenplan wird wieder mit Hilfe der Abb. 59 für eine Durchmesserwicklung aufgestellt. Wählt man einheitlich den Wicklungsschritt mit $y = \frac{N}{2p}$, dann ist jeder Umlauf in sich geschlossen, wie es die Abb. 86 mit $N = 24$, $m = 3$, $p = 2$, $q = 2$, $L = 1$ veranschaulicht. Man erhält auf diese Art für jede Phase zwei in sich geschlossene Zweige, die eine Halbphase ergeben. Die $q \cdot L = 2 \cdot 1 = 2$ Umläufe je Halbphase werden in Reihe geschaltet und die beiden Halbphasen können in Reihe (vgl. Abb. 87) oder zweifach parallel geschaltet werden und die Wicklung für sich entweder in Stern oder Dreieck.

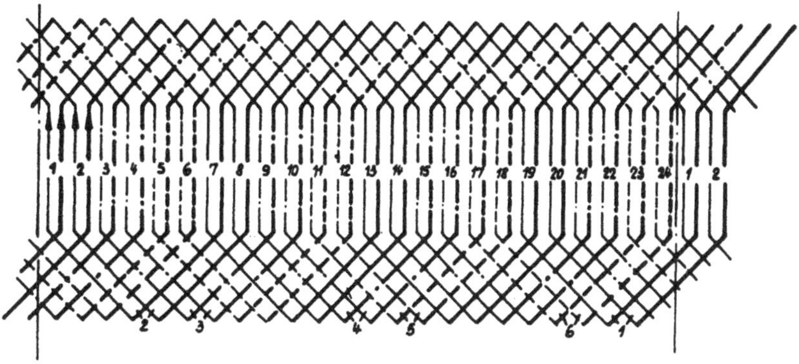

Abb. 86. Geschlossene Stabwicklung, 4polig, $q = 2$, $L = 1$

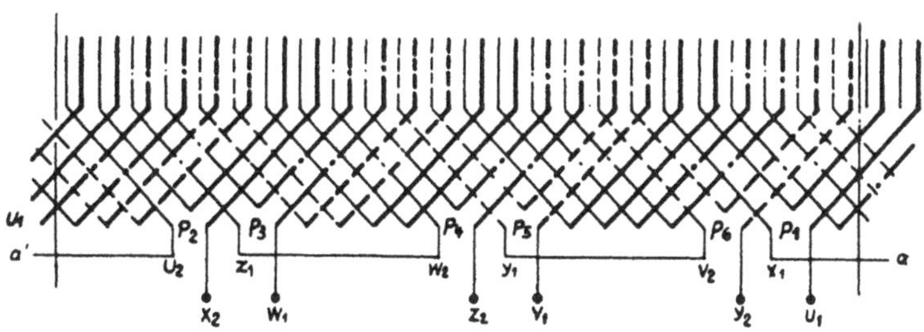

Abb. 87. Aufgeschnittene Stabwicklung, 4polig, $q = 2$, $L = 1$

Die Phasenanfänge sind um je $24/3 = 8$ Nuten voneinander entfernt. Wir wählen wieder Nut 2, 10 und 18, und damit erhält man die Schnittpunkte $P\,1$ bis $P\,6$ in Abb. 87.

g) Wellenwicklung mit Wendestäben

Der Nutenplan wird wieder mit Hilfe der Abb. 59 für eine Durchmesserwicklung aufgestellt.

Bei der Wicklung nach f) wurde vorschreitend geschaltet und damit z. B. für Phase U—X die Nut 1 als Ausgangsnut für den Rücklauf der zweiten Halbphase gewonnen. Man könnte den Umkehrbügel natürlich auch rückschreitend anordnen, und es wird diese Möglichkeit bei der Wendestab-Wicklung ausgenützt. Der Rücklauf beginnt daher bei den Nuten $N_A + y\,(2p—2) — (q—1)$. Wählt man wieder Nut 2, 10 und 18 als Ausgangsnut für den Rechts-Umlauf (vgl. Abb. 88), dann beginnt der Rücklauf

für U_2 bei $2 + 6 \cdot 2 - 1 = 13$
für W_2 bei $10 + 6 \cdot 2 - 1 = 21$ und
für V_2 bei $18 + 6 \cdot 2 - 1 = 29 - 24 = 5$.

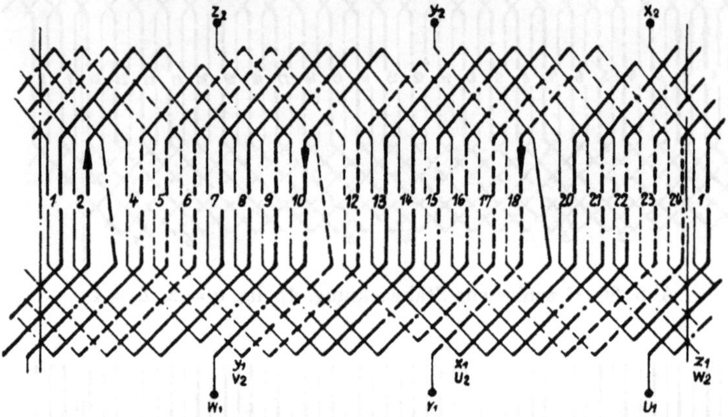

Abb. 88. Wendestabwicklung mit $N = 24$, $m = 3$, $p = 2$, $q = 2$, $L = 1$

Die Phasenenden X_2, Y_2, Z_2 befinden sich bei der Wendestabwicklung auf der Gegenseite.

E. Kurzschlußläuferwicklungen

Die Kurzschlußläuferwicklungen teilt man in 2 Gruppen ein, und zwar:

A. in Normalkäfigwicklungen und
B. in Stromverdrängungswicklungen.

Zu A.

In diese Gruppe gehört der streuungsarme Einfachkäfigläufer mit Nuten nach Abb. 89a und der streuungsreiche Einfachkäfigläufer mit Nuten nach Abb. 89b. Beim Läufer nach a) liegen die Stäbe am äußersten Rande und es sind alle Stäbe an den beiden Stirnseiten durch Kurzschlußringe miteinander verbunden. Diese Wicklung eignet sich nur für kleinere Motoren mit einem verhältnismäßig hohen Ohmschen Widerstand R, weil das Anzugsmoment $M_A \cong J^2R$ vom Läuferwiderstand abhängt. Bei großen Motoren würde sich wegen des geringen Ohmschen Widerstandes ein Anzugsmoment ergeben, das in den meisten Fällen mit dem üblichen Anlaufstrom unzureichend wäre. Beim Läufer nach b) mit den tiefgesetzten

Stäben (Kurzschlußringe wie bei a) entsteht durch den sogenannten Streuspalt h/a eine große Läuferstreuung, also ein hoher Streublindwiderstand X, und es wird dadurch der Anlaufstrom $J_A \cong E : X$ klein. Da bei dieser Anordnung keine Stromverdrängung entsteht, entwickeln derartige Läufer nur ein kleines Anzugsmoment, allerdings bei mäßigem Anlaufstrom.

Zu B.

In diese Gruppe gehören die Ausführungen von c) bis f). Es ist c) ein Doppelkäfigläufer mit übereinanderliegenden Käfigen, dadurch entstanden, daß man die beiden Wicklungen a) und b) ineinanderschiebt. Der Innenkäfig wird beim Anlauf (hohe Frequenz) wieder einen wesentlich größeren Streublindwiderstand haben als der Außenkäfig, so daß die beiden Käfigwicklungen unterschiedliche Ströme führen, insbesondere hinsichtlich der Phasenverschiebung. Der Strom wird nämlich im Außenkäfig, der meistens

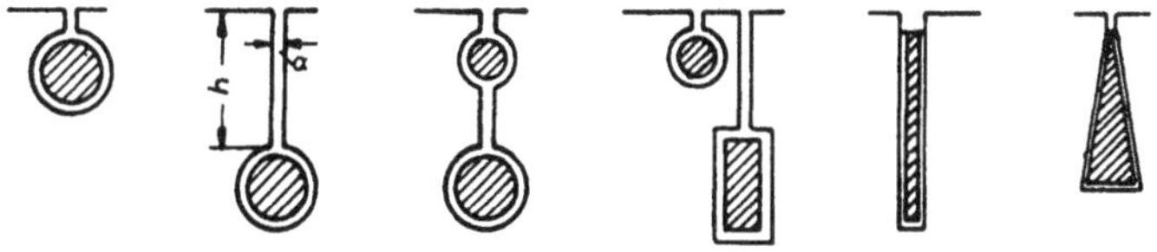

a b c d e f

Abb. 89a—f

den vielfachen Wirkwiderstand vom Innenkäfig hat, dem Betrage nach viel größer sein als durch das Wirkwiderstandsverhältnis bedingt, und man sagt zu dieser Erscheinung allgemein, daß der Strom abgedrängt wird. Wählt man nun den Stabquerschnitt des Außenkäfigs viel kleiner als beim Innenkäfig (Querschnittsverhältnis 1 : 10 möglich), dann wirkt sich die Stromverdrängung im schwach dimensionierten Außenkäfig wie eine starke Widerstandszunahme aus. Die Folge davon ist ein verminderter Anlaufstrom und ein erhöhtes Anzugsmoment. Die Stromverdrängung ist im Stillstand, also bei der Netzfrequenz im Läufer am größten und im Lauf (Frequenz fast Null) am kleinsten, und es teilt sich im Betrieb der Strom im Verhältnis der Wirkwiderstände auf. Man bezeichnet daher den Außenkäfig auch als Anlaufkäfig. Da im Anlaufkäfig wegen des kleinen Stabquerschnittes und wegen der verhältnismäßig großen Anlaufstromstärke Überhitzungen auftreten können, werden bei größeren Motoren meistens Messingstäbe (vgl. Abschnitt I j) für den Anlaufkäfig verwendet. Wegen der ungleichen Erwärmung der beiden Käfige ist es auch zweckmäßig, bei größeren Motoren jeden Käfig mit eigenen Kurzschlußringen zu versehen. Man kann die Stäbe auch versetzt anordnen und den Rundstab durch einen Rechteckstab (kleinere Zahninduktion) ersetzen, und es zeigt diese Ausführung die Abb. 89d. Der Hochstabläufer nach Abb. 89e und der Trapezstabläufer nach Abb. 89f sind auch Stromverdrängungsläufer, weil der untere Stabteil wieder mit einem stärkeren Streufluß verkettet ist als der obere. Es wird also im unteren Stabteil eine höhere Streuspannung induziert als im oberen, und ein Abdrängen des Stromes nach außen ist die Folge davon. Es wirkt sich diese Stromanhäufung im oberen Stabteil natürlich auch wie eine Widerstandszunahme aus, so daß damit auch verbesserte Anlaufverhältnisse entstehen.

F. Parallelschaltbarkeit von Wechselstromwicklungen

Bei der Aufstellung der Nutenpläne für die Ganzlochwicklungen wurde festgestellt, daß die Polpaare untereinander gleich sind. Daraus folgt, daß bei einer mehrpoligen Wicklung jede Phase, soviele parallelschaltbare Spulen haben wird, als Polpaare vorhanden sind, also

$$c_s = p,$$

wenn man mit c_s die Anzahl der parallel geschalteten Spulen je Phase bezeichnet. Es wurde auch bereits festgestellt, daß

$$c_s = 2 \cdot p$$

sein kann, wenn die Gruppenspule in Halbgruppenspulen unterteilt wird und die Lage der Halbgruppenspulen in jeder Hinsicht, also bezüglich Spannungsgröße und Phasenlage gleich sind, wie es z. B. bei Einschichtwicklungen und $q =$ gerade zutrifft. Diese Möglichkeiten wurden im Abschnitt II A g) ausführlich besprochen, und im Abschnitt II B a) wurde ein Beispiel angeführt, das zeigt, daß mitunter auch Nutenspulen unter sich parallelschaltbar sein können. Abschließend ist dazu noch zu sagen, daß auch bei der gesehnten Zweischicht-Ganzlochwicklung

$$c_s = 2 \cdot p$$

ist, weil die beiden Halbgruppenspulen immer, also auch bei $q =$ ungerade, gleichartig bleiben. Der Parallelschaltbarkeit von Wechselstromwicklungen kommt aus zwei Gründen eine besondere praktische Bedeutung zu, u. zw.:

1. Bei der Wicklungsauslegung und
2. bei Umschaltungen auf andere Spannungen oder Mehrspannungsausführungen.

Bei der Ausführung von Niederspannungsmaschinen erhält man sehr bald einen Leiter-Querschnitt, der entweder wegen der Verarbeitung oder wegen der Zusatzverluste zu groß wird. Schaltet man in solchen Fällen z. B. die Wicklung 4fach parallel (vgl. Abb. 68), dann vermindert sich der Stab- oder Leiterquerschnitt auf $^1/_4$. Durch die Parallelschaltung vermindert sich natürlich auch die wirksame Leiterzahl (Windungszahl) auf $^1/_4$, d. h. es muß die Windungszahl gleichzeitig um das 4fache erhöht werden. Bei Niederspannungsmaschinen findet man daher sehr häufig Parallelschaltungen vor, und es können durch eine Reihenschaltung solche Maschinen für höhere Spannungen verwendbar gemacht werden, wenn die neue Spannung den Niederspannungsbereich, etwa 550 V, nicht überschreitet.

Bei unübersichtlichen Wicklungen, z. B. Bruchlochwicklungen, stellt man die Parallelschaltbarkeit am einfachsten im Nutenplan dadurch fest, daß man von einer Phase die einzelnen Spulen je Polpaar auf Gleichwertigkeit untersucht, d. h. die einzelnen Spulen müssen je Polpaar gleiche Teilspulenanzahl (Spannungsgleichheit) und die gleiche räumliche Lage (Phasengleichheit) haben. Am sichersten ist die Parallelschaltbarkeit mit dem Nutenstern (IX) feststellbar.

G. Umrechnung von Wechselstromwicklungen

Im Rahmen dieser Arbeit können nur einfache Umrechnungen, wie sie jeder Praktiker durchführen kann, behandelt werden. Man kann daher davon ausgehen, daß die Abmessungen vom aktiven Blechkörper der Maschine bereits bekannt sind, so daß nur noch die magnetischen und elektrischen Beanspruchungen für einfache Umrechnungen zu besprechen sind.

a) Magnetische Beanspruchungen

Die Anzahl der Kraftlinien, die von einem Pol ausgehen, bezeichnet man als Kraftfluß Φ, und es ist

$$\Phi = B \cdot F,$$

wenn man mit B die Induktion (Gauß) und mit F die Polfläche (cm^2) bezeichnet. Ist beispielsweise $B = 8000$, dann heißt dies, daß aus 1 cm^2 Polfläche 8000 Kraftlinien austreten, und bei 125 cm^2 beträgt dann der Polkraftfluß

$$\Phi = B \cdot F = 8000 \cdot 125 = 1\,000\,000 \text{ Kraftlinien.}$$

Der magnetischen Dichte (Induktion) sind enge Grenzen gesetzt. So z.B. bei Wechselstrommotoren wegen des Magnetisierungs- oder Leerlaufstromes, der den Leistungsfaktor maßgebend beeinflußt, und es sind bei modernen magnetisch ausgenützten und offen gebauten Maschinen mittlerer Größe etwa folgende Induktionen (Mittelwerte) üblich.

Luftinduktion	Ankerinduktion	Zahninduktion
B_l	B_a	B_z
8000	15000	19000 (21000)

B_l ist die größte zulässige Kraftliniendichte im Luftspalt, B_a im Ankerrücken und B_z in den Zähnen. Bei parallelflankigen Nuten mit ungleicher Zahnstärke gilt der Klammerwert für die engste Stelle.

b) Elektrische Beanspruchungen

Die elektrischen Beanspruchungen können mit Rücksicht auf die Erwärmung und Verluste nicht übertrieben werden. Das Produkt aus

$$\text{Strombelag } A = \frac{J_1 \cdot z_1}{D_i \cdot \pi} \text{ und der}$$

$$\text{Stromdichte } S = \frac{J_1}{q} \text{ in A/mm}^2$$

ist für die Erwärmung der Maschine maßgebend und es ist $S \cdot A \cong 1500$ ein angenäherter Mittelwert für offene Maschinen mittlerer Leistung, d. h. $A \cong 1500/5{,}5 \cong 270$, wenn man mit einer üblichen Stromdichte von 5,5 A/mm² rechnet. Es ist A die Anzahl der Amperestäbe pro cm Umfang in der Ständerbohrung.

J_1 ist der Phasenstrom, daher bei Dreieckschaltung $J_1 = J : \sqrt{3}$

$z_1 = 6 \cdot w_1$ ist die gesamte wirksame Stabzahl aller Phasen, worunter nur die in Reihe geschalteten Stäbe (Leiter) zu verstehen sind.

$w_1 = z_1 : 6$ ist die Windungszahl je Phase.

D_1 ist die Ständerbohrung in cm; $\pi = 3{,}14$.

q ist der Stabquerschnitt in mm². ($q \cdot c$ dann, wenn c Leiter parallel gewickelt sind.)

Dazu ein Beispiel: $N = 15$ kW. $U = 380/660$ V. Schaltung $\Delta/\curlywedge$, 4polige Maschine. Jede Spule ist 3fach parallel gewickelt mit einer Drahtstärke von 1,2 mm Durchmesser = 1,12 mm², daher $q \cdot c = 1{,}12 \cdot 3 = 3{,}36$ mm². Wicklung etwa $^4/_5$ gesehnt.

$$J = \frac{N^{\text{Watt}}}{\sqrt{3} \cdot U \cdot \eta \cdot \cos\varphi} = \frac{15000}{1{,}73 \cdot 380 \cdot 0{,}85 \cdot 085} \cong 32 \text{ Amp.}$$

$J_1 = 32/\sqrt{3} \cong 18$ A; $S = 18/3{,}36 \cong 5{,}4$ A/mm². Hat der Ständer 36 Nuten und 70 Stäbe pro Nut, dann ist die wirksame Stabzahl $z_1 = \frac{70 \cdot 36}{3} = 840$ und mit $D_i = 18$ cm wird $A = \frac{18 \cdot 840}{18 \cdot 3{,}14} \cong 265$. Somit ist

$$S \cdot A = 5{,}4 \cdot 265 \cong 1430$$

Bei Umwicklungen in derselben Spannungsklasse muß $S \cdot A$ angenähert gleich groß bleiben, andernfalls liegt ein Rechnungsfehler vor. Nun ist nach dem Induktionsgesetz der Kraftlinienfluß

$$\Phi \cong \frac{U_p \cdot 10^8}{4{,}44\, w_1 \cdot f \cdot \xi_z \cdot \xi_s} \cong \frac{U_p \cdot 10^6}{2{,}1 \cdot w_1 \cdot \xi_s},$$

wenn man für die Frequenz $f = 50$ einsetzt und für den Zonenfaktor $\xi_z = 0{,}95$. Es ist U_p die Phasenspannung, also $U_\triangle$ oder $U_\curlywedge : 1{,}73$

$$\text{daher } \Phi = \frac{380 \cdot 1{,}000 \cdot 000}{2{,}1 \cdot 140 \cdot 0{,}95} \cong 1370000$$

$$B_l = \frac{\Phi}{0{,}636 \cdot \tau \cdot l} = \frac{1{,}370 \cdot 000}{0{,}636 \cdot 14 \cdot 18} \cong 8500\,,$$

weil die Polteilung $\tau = D_i \cdot \pi/2 \cdot p = 18 \cdot 3{,}14/4 \cong 14$ cm ist. Die Ankereisenlänge l mit 18 cm ist durch das Modell gegeben. $\xi_s = 0{,}95$, weil Wicklung $^4/_5$ gesehnt. Der Faktor 0,636 berücksichtigt die Sinusform des Feldes und $w_1 = z_1 : 6 = 140$.

$$B_a \cong \frac{\Phi \cdot 0{,}55}{h_a \cdot l} \cong \frac{1{,}370000 \cdot 0{,}55}{2{,}8 \cdot 18} \cong 15000\,,$$

wenn z. B. der Ankerrücken $h_a = 2{,}8$ cm hat, d. i. der Abstand vom Nutengrund zum Außendurchmesser des Ständerblechpaketes. Es berücksichtigt 0,55 die Teilung des Kraftflusses im Ankerrücken und den Blechfüllfaktor mit etwa 0,92.

$$B_z \cong \frac{B_l \cdot t_n}{0{,}92 \cdot b_z} \cong \frac{8500 \cdot 1{,}57}{0{,}92 \cdot 0{,}75} \cong 19400\,,$$

weil die Nutteilung $t_n = D_i \cdot \pi/N = 18 \cdot 3{,}14/36 = 1{,}57$ cm beträgt und die Zahnbreite z. B. mit 0,75 cm durch das Modell gegeben ist.

Bei den normalen Umrechnungen auf andere Spannungen oder Drehzahlen ist zu beachten, daß an den oben errechneten Beanspruchungen keine größeren Abweichungen entstehen dürfen. Es werden nachstehend einige Hinweise gegeben, wie man Umrechnungen ohne viel Rechenarbeit durchführt.

Soll also beispielsweise die Spannung einer Maschine auf die Hälfte vermindert werden, dann muß, damit der Kraftfluß unverändert bleibt, auch die wirksame Leiterzahl um die Hälfte kleiner werden, weil die Frequenz konstant und $\Phi \cong \frac{U}{z_1}$ der Stabzahl proportional ist.

Bei Wechselstrommaschinen erreicht man dies am einfachsten durch die zweifache Parallelschaltung der Phasenspulen. Häufiger tritt der umgekehrte Fall ein, zum Beispiel dann, wenn ein Netz von 220 auf 380 Volt umgebaut wird. Hier kommt es häufig vor, daß die Phasenspulen bei 220 Volt 2fach parallel geschaltet sind. Durch Auflösung der Parallelschaltung und durch eine Reihenschaltung ist die Maschine für 440 Volt geeignet und sie kann in Fällen, wo nur etwa 80% der typierten Leistung benötigt werden, ohne weiteres mit diesem geschwächten Feld (kleiner Magnetisierungsstrom) betrieben werden. Ist eine Umschaltung nicht möglich, dann muß bei gleicher Frequenz die Stabzahl im Verhältnis der

Spannungsänderung proportional geändert werden. Von 220 auf 380 Volt sind also $z_1 \cdot \sqrt{3} = z_1 \cdot 1{,}73$ Leiter mit einem Querschnitt 1 : 1,73 erforderlich. Hatte also der Leiter bei 220 Volt einen Durchmesser von 1,3 mm, dann beträgt bei 380 Volt der Drahtdurchmesser rd. 1 mm, weil sich der Querschnitt quadratisch mit dem Durchmesser ändert.

Die Abänderung einer Wechselstrommaschine auf eine andere Drehzahl (Polzahl) ist nicht immer so ohne weiteres möglich. Man kann eine 2polige Maschine auf eine höhere Polzahl bringen, indem man die 2polige Wicklung z. B. durch eine 4polige Wicklung ersetzt. Dadurch vermindert sich τ bzw. die Polfläche in cm² auf die Hälfte, und es ist daher die doppelte Leiterzahl zu nehmen, damit auch der Kraftfluß, dem Polquerschnitt entsprechend, $0{,}5 \cdot \Phi$ wird. Die Leistung der Maschine vermindert sich dadurch auf etwa 45%, weil die Maschine mit der halben Drehzahl auch schlechter gekühlt ist. Da für die 4polige Ausführung die doppelte Stabzahl benötigt wird, muß der Stabquerschnitt natürlich auf die Hälfte vermindert werden, d. h. die Wicklung ist nur mehr mit der halben Stromstärke belastbar und es ist die Leistung $N = U \cdot \frac{J}{2} \cdot \sqrt{3} \cdot \cos\varphi = 0{,}5 \cdot N$. Es ist auch üblich, mittels Sonderwicklungen, die später behandelt werden, Maschinen polumschaltbar zu machen. Man kann auch 4polige Maschinen auf 2polig umbauen; es ist u. a. aber zu beachten, daß der Ankerrücken h_a bei halber Leiterzahl (doppelter Kraftfluß) magnetisch zu stark überlastet wird, weil sich der Kraftfluß im Ankerrücken ja verdoppelt. In diesem Falle kann nicht die doppelte Leistung erzielt werden, weil die Leiterzahl mit Rücksicht auf die Induktion im Ankerrücken höchstens auf etwa $^2/_3$ statt auf $^1/_2$ vermindert werden kann. In solchen Fällen ist die Maschine magnetisch nachzurechnen und es soll die Induktion im Ankerrücken B_a etwa 18000 Linien nicht überschreiten. Wird eine ungesehnte Wicklung z. B. durch eine gesehnte Zweischichtwicklung ersetzt, dann ist, wie bereits an anderer Stelle erwähnt, die Spannungsverminderung durch die Sehnung zu berücksichtigen, und es geschieht dies mit dem Faktor ξ. Da allgemein die $^4/_5$- und $^5/_6$-Sehnung angewendet wird, ist also in solchen Fällen die wirksame Leiterzahl um rd. 5% zu erhöhen (vgl. Abschnitt IV). Eine Nichtbeachtung hätte z. B. bei einem modernen Drehstrommotor eine Erhöhung des Magnetisierungsstromes I_m, das ist angenähert auch der Leerlaufstrom J_0, um etwa 20% zur Folge.

Merksatz: Der Magnetisierungsstrom ändert sich z. B. angenähert mit der 3. Potenz bei Feldverstärkungen (abhängig von der Eisensättigung).

Der Magnetisierungs- oder Leerlaufstrom beträgt bei Drehstrommotoren im Leistungsbereich von 1 bis 50 PS etwa 60% bis 30% vom Vollaststrom.

Er kann in grober Annäherung bei modernen und magnetisch ausgenützten Motoren in Δ- oder $\curlywedge$-Schaltung mit den Formeln

$$J_0^\Delta \cong \frac{2p \cdot \delta \cdot B_l}{w_1 \cdot \xi_s} \text{ und } J^\curlywedge = J_0^\Delta : 1{,}73$$

errechnet werden. Mit δ in cm ist die Luftspaltbreite bezeichnet; weiter wurde angenommen, daß der AW-Bedarf für das Eisen 60% vom AW-Bedarf für den Luftspalt beträgt und der Ständer halbgeschlossene Nuten hat. Beim 15 kW-Motor wird $\delta \cong 0{,}5$ mm $= 0{,}05$ cm betragen und es ist

$$J_0^\Delta = \frac{4 \cdot 0{,}05 \cdot 8500}{140 \cdot 0{,}95} \cong 12{,}8 \text{ A},$$

das sind $12{,}8 \cdot 100/32 \cong 40\%$ vom Vollaststrom.

H. Wicklungsverfahren

Je nach der Art, wie man die Leiter in die Nuten einlegt, unterscheidet man:

a) Träufelwicklungen,
b) Fädel- oder Durchziehwicklungen und
c) Formspulenwicklungen.

Träufelwicklung

Bei den kleinen und mittleren Maschinen, bis etwa 100 PS, wird fast ausnahmslos diese Wicklung angewendet. Da nur verhältnismäßig dünne Drähte anwendbar sind, werden meistens mehrere Drähte parallel gewickelt, um den erforderlichen Querschnitt zu erhalten. Die auf Schablonen hergestellten Spulen werden in die Ständerbohrung geschoben und die Drähte durch die Schlitze der halbgeschlossenen Nuten eingeträufelt. Die Formung der Spulenköpfe erfolgt von Hand aus, weshalb besonders bei kleinen Polteilungen nur dünne Drähte verwendet werden. Bezüglich der Nutfüllung muß bei dieser Wicklung, die meistens in trapezförmigen Nuten eingelegt wird, die Bedingung erfüllt sein, daß

$$d^2 \cdot z_n \cong (b_1 + b_2 - 2) \cdot (h_n - 3) \begin{matrix} 0{,}4 & \text{(bei Einschichtwicklungen)} \\ 0{,}36 & \text{(bei Zweischichtwicklungen)} \end{matrix}$$

ist.

d ist der isolierte Drahtdurchmesser in mm,
z_n die gesamte Leiterzahl je Nut,
b_1 und b_2 die engste und breiteste Stelle der Trapeznut in mm und
h_n die ganze Nuttiefe in mm.

Die Ziffern 2 und 3 berücksichtigen den Abzug für die Nutisolation und für den Nutenkeil.

Dazu ein Beispiel:

Welcher Drahtdurchmesser (isoliert) hat in einer Trapeznut mit den Abmessungen $b_1 = 10$ mm, $b_2 = 14$ mm und $h_n = 26$ mm Platz, wenn 80 Leiter einer Zweischichtwicklung einzulegen sind?

$$d^2 = \frac{(b_1 + b_2 - 2) \cdot (h_n - 3)}{z_n} 0{,}36 = \frac{22 \cdot 23 \cdot 0{,}36}{80} = 2{,}28; \; d = \sqrt{2{,}28} \cong 1{,}5 .$$

Bei Verwendung eines Lackdrahtes mit 0,1 mm Zuwachs kann ein Blankdraht mit 1,4 mm Durchmesser verwendet werden. Wolleisolierte Drähte dieser Stärke haben einen Zuwachs von etwa 0,24 mm, d. h. mit Lackdrähten kann man einen um rd. 20% größeren Leiterquerschnitt unterbringen. Berücksichtigt man noch, daß beim Lackdraht nach VDE die zulässige Wicklungs-Übertemperatur 80° beträgt, und beim wolleisolierten nur 60°, dann wird verständlich, daß der Lackdraht größere Vorteile bringt. Auf diese Weise kann man bei Neuwicklungen von alten Maschinen beachtliche Leistungssteigerungen erreichen.

Fädelwicklung

Bei mittelgroßen Hochspannungsmaschinen wird bis zu Drahtstärken von etwa 4 mm Durchmesser diese Wicklung angewendet. In geschlossene Nuthülsen werden soviele Stahlnadeln eingelegt, als Leiter einzuziehen sind, und es wird Nadel für Nadel durch einen Leiter im Fädelsystem ersetzt. Die Formung der Spulenköpfe erfolgt Windung für Windung über Schablonen, die abnehmbar an jeder Stirnseite angebracht sind.

Formspulenwicklung

Sie wird bei größeren Maschinen angewendet. Die Spulen werden auf Vorrichtungen geformt, isoliert und in die offenen Nuten eingelegt. Bei halb geschlossenen Nuten kann nur ein Spulenkopf geformt werden, und der zweite wird nach dem Einschieben in die Nut gebildet. Die gerade herausstehenden Leiter je Spule werden so gekröpft, daß ein Spulenkopf entsteht, und die stumpf zusammenstoßenden Enden werden mittels einer kleinen Widerstandsstumpfschweißmaschine zusammengeschweißt. Derartige Wicklungen lassen sich auch für Hochspannung sehr betriebssicher herstellen, weshalb größere Maschinen nur Formspulenwicklungen haben.

III. Wechselstrom-Sonderwicklungen

A. Bruchlochwicklungen

Die Bruchlochwicklung wird bei Maschinen mit einer kleinen Nutenzahl q je Pol und Phase und bei großen Wechselstromgeneratoren zum Zwecke der Verbesserung der Spannungskurve (Unterdrückung der Oberwellen) angewendet. Es kommen daher Monteure, Elektriker und die kleineren Reparaturwerkstätten selten mit Bruchlochwicklungen in Berührung. Wir werden sie aber trotzdem kurz behandeln, einmal der Vollständigkeit wegen und andererseits deswegen, weil sie der Reparaturwerkstätte mitunter Vorteile bringen kann. So z. B. bei der Umwicklung eines Motors auf eine andere Polzahl, wenn die Nutenzahl für eine dreiphasige Ganzlochwicklung nicht paßt.

In solchen Fällen erreicht man mit der Bruchlochwicklung oft noch eine vollkommen symmetrische Wicklung oder eine Wicklung, deren Unsymmetrie nur ganz geringfügig und zulässig ist.

Die Bruchlochwicklung ist dadurch gekennzeichnet, daß die Nutenzahl q je Pol und Phase eine gebrochene Zahl ist.

Aus diesem Grunde ist die Aufstellung des Nutenplanes in der bisherigen Art nicht möglich, weil man mit $q =$ gebrochene Zahl nichts anfangen kann. Ist beispielsweise $q = 2\frac{1}{2}$, also mit dem Bruch $\frac{1}{2}$, dann ist die Bruchlochwicklung noch recht gut vorstellbar und bei einiger Übung auch ohne Hilfsmittel darstellbar. Ist aber z. B. $q = 1^1/_5$ usf., so fehlt schon das Anschauliche. Die Wicklung wird dann meistens so unregelmäßig, daß sie kaum noch ohne ein Hilfsmittel darstellbar ist.

Aus Symmetriegründen muß auch bei der Bruchlochwicklung die Anzahl der Nutspulen je Phase γ gleichgroß und eine ganze Zahl sein. Da auf eine Nutspule 2 Nuten entfallen, ist daher die Anzahl der Nutspulen je Phase

$$\gamma = N/2 \cdot m = \text{ganze Zahl.}$$

Somit ist die gesamte Nutenzahl $N = 2 \cdot m \cdot \gamma$. Da nun bei der Ganzlochwicklung, wie wir bereits wissen, die Nutenzahl je Pol und Phase

$$q = \frac{N}{2 \cdot p \cdot m} = \frac{2 \cdot m \cdot \gamma}{2 \cdot m \cdot p} = \frac{\gamma}{p}$$

eine ganze Zahl ist, ist bei der Bruchlochwicklung γ/p immer eine gebrochene Zahl. Wenn z. B. $\gamma = 6$ und $p = 5$ ist (zehnpolige Maschine), so entfallen $\frac{\gamma}{p} = 1{,}2 = 1^1/_5$ Nutspulen auf ein Polpaar. Es sind also sechs Nutspulen einer Phase auf zehn Pole zu verteilen, was nicht mehr so ohne weiteres möglich ist (vgl. 2. Beispiel).

Betrachtet man eine normale Ganzlochwicklung (Durchmesserwicklung) mit vier Polen, in welcher je Polpaar eine Nutspule eingelegt ist, dann kann man feststellen:

1. Die ungleichsinnigen Spulenseiten U und X einer Spule sind um eine Polteilung τ oder um den Nutenschritt $Y_N = N/2p$ voneinander entfernt (Abb. 90).

2. Die gleichsinnigen Spulenseiten U_1 und U_2 (gleiche Pfeilrichtung) sind um eine doppelte Polteilung p oder um den Gleichpolschritt $y_p = N/p$ voneinander entfernt (Abb. 91).

Da nun die Anzahl der gleichsinnigen Spulenseiten je Phase gleich der Anzahl der Nutspulen je Phase γ ist (eine Spule hat zwei Spulenseiten), ist mit dem Gleichpolschritt ein einfaches Mittel für die Auslegung einer Bruchlochwicklung gegeben.

Für die Wicklungs-Auslegung wird wieder ein Nutenplan, der sich vom Nutenplan der Ganzlochwicklung wie folgt unterscheidet, verwendet.

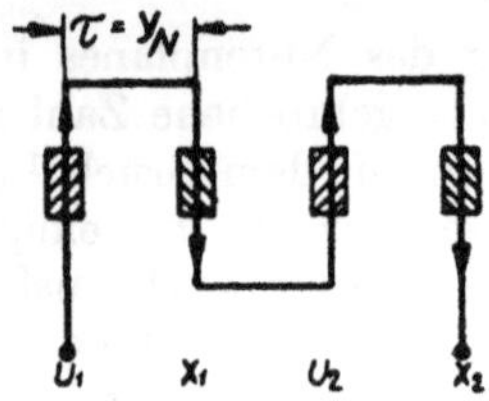

Abb. 90

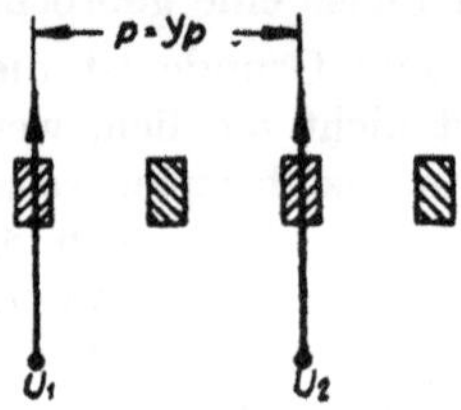

Abb. 91

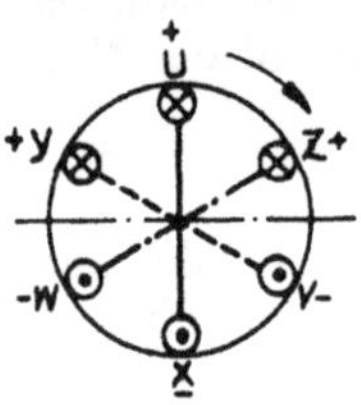

Abb. 92

$\gamma =$	1	2	u.s.f.
Spulenseite +U in Nut	1	1+y_p	u.s.f.
Spulenseite +Z in Nut			
Spulenseite -V in Nut			
Spulenseite -X in Nut			
Spulenseite -W in Nut			
Spulenseite +Y in Nut			

Abb. 93. Nutentabelle

Es werden in diesem Plan nicht die q Nuten je Pol und Phase je Spulenseite U, Z, V, X, W, Y im Nutenplan nebeneinander eingetragen, sondern die γ gleichsinnigen Spulenseiten je Phase um etwa den Gleichpolschritt y_p.

Die Abb. 92 zeigt wieder die einnutige Dreiphasen-Ganzlochwicklung und die Abb. 93 die Nuttabelle, wie sie bei der Bruchlochwicklungs-Austeilung verwendet wird, und es gelten folgende Regeln:

1. Der Anker ist in der Längsrichtung aufgeschnitten und in die Ebene aufgerollt. Die Polarität der einzelnen Spulenseiten ist wieder mit Pfeilen gekennzeichnet.
2. Die Anzahl der gleichsinnigen Spulenseiten je Phase $\gamma = N/2\,m$ ist, wie angegeben, der Reihe nach in der Nuttabelle einzutragen.

3. Man ordnet der ersten Spulenseite von γ die Nut 1 zu, der zweiten Spulenseite von γ die Nut $1 + y_p$, der dritten Spulenseite von γ die Nut $1 + y_p + y_p$ usf. Trifft man auf diese Weise eine bereits besetzte Nut an, dann schreitet man um $\pm$ eine Nut vor oder zurück. Es ist zweckmäßig, die gefundenen Werte auch sofort in den Nutenplan einzutragen, um Besetzungen nicht zu übersehen. Eine besetzte Nut wird sich immer dann ergeben, wenn Y_N eine ganze Zahl ist. Die Beispiele bringen in dieser Hinsicht Klarheit.
4. Trifft man zum Schluß eine besetzte Nut an, dann ist natürlich an anderer Stelle eine Nut frei, und es kann die verbliebene Spulenseite im Abstande y_p oder $a \cdot y_p$ eingefügt werden, wobei $a = 1, 2, 3$ usf., also eine ganze Zahl ist, weil an allen $a \cdot y_p$-Stellen eine gleichsinnige und gleich große Spannung induziert wird.
5. Die Aufteilung der Phasen erfolgt bei den symmetrischen Wicklungen unter den ihnen zustehenden Phasenwinkeln. Zum Beispiel bei der Dreiphasenwicklung unter je 120 elektrische Grade (entspricht je 60^0 räumlich bei der vierpoligen Wicklung). Man kann symmetrische Drehstromwicklungen aber auch unter je 120^0 räumlich, also bei $^1/_3$ des Ankerumfanges, ausführen und es wurde diese Möglichkeit bereits bei den Schleifringläufer-Wicklungen ausführlich besprochen.
6. Die Zuordnung der Tabellenwerte in den Nutenplan ist eine reine Übertragung, d. h. es werden zuerst die Werte von U als Pfeile (Richtung beachten!) in den Nutenplan eingetragen, dann die Z-Werte usf.
7. Die Zusammenschaltung der ungleichsinnigen Spulenseiten zu einer Spule und der Spulen zu einer Phase ist im Nutenplan wieder streng gegeben, denn die Pfeile geben die Polarität an, die Phasen sind verschieden gekennzeichnet und außerdem ist bereits bekannt, daß zwischen einer Gruppenspule zwei Gruppenspulenseiten von den beiden anderen Phasen liegen müssen.

Die einzelnen Nutspulen kann man beliebig schalten oder umgruppieren, um auf diese Weise z. B. eine Zwei- oder Dreiebenenwicklung herstellen zu können. Dazu einige Beispiele.

1. Beispiel:

Es ist mit einem 30-Nuten-Ständer eine vierpolige Dreiphasen-Bruchlochwicklung zu entwerfen, also $N = 30$, $p = 2$, $y_p = N/p = 30/2 = 15$, $\gamma = N/2m = 30/2 \cdot 3 = 5$, $q = \frac{\gamma}{p} = \frac{5}{2} = 2\frac{1}{2}$.

Im Nutenplan der Abb. 94b ist die Wicklung so geschaltet, daß eine Dreiebenenwicklung entsteht, d. h. alle Spulen einer Phase liegen nebeneinander in einer Ebene. Der besseren Übersicht wegen ist nur die Phase U—X gezeichnet, und zwar in Reihenschaltung. Eine Parallelschaltung der Phasenspulen ist hier natürlich nicht möglich, weil sie untereinander ungleich sind.

Man kann durch eine einfache Umgruppierung aus der Dreiebenenwicklung sofort eine Zweiebenenwicklung nach Abb. 95 herstellen, indem man die 5 Nutspulen je Phase so anordnet, daß eine Gruppenspule mit 3

γ =		1		2		3		4		5	
+U ↑	in Nut	1	+15 =	16	+15 = 1 +1 =	2	+15 =	17	+15 = 2 +1 =	3	+15 =
+Z ↑	in Nut	18	+15 = 3 +1 =	4	+15 =	19	+15 = 4 +1 =	5	+15 =	20	+15 = 5 +1 =
−V ↓	in Nut	6	+15 =	21	+15 = 6 +1 =	7	+15 =	22	+15 = 7 +1 =	8	+15 =
−X ↓	in Nut	23	+15 = 8 +1 =	9	+15 =	24	+15 = 9 +1 =	10	+15 =	25	+15 = 10 +1 =
−W ↓	in Nut	11	+15 =	26	+15 = 11 +1 =	12	+15 =	27	+15 = 12 +1 =	13	+15 =
+Y ↑	in Nut	28	+15 = 13 +1 =	14	+15 =	29	+15 = 14 +1 =	15	+15 =	30	

Abb. 94a. Nutentabelle

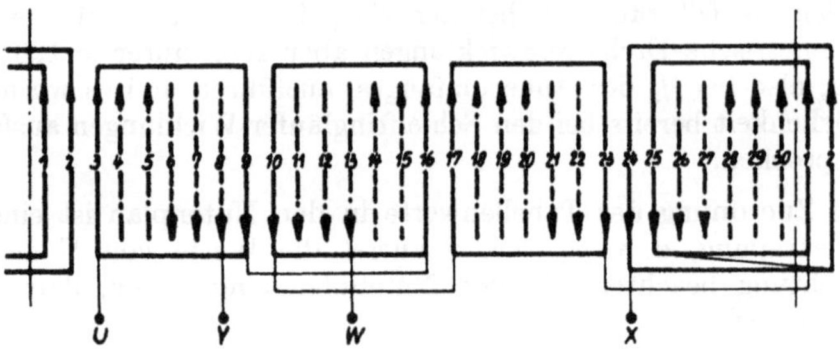

Abb. 94b. Nutenplan

und eine Gruppenspule mit 2 Einfachspulen entsteht. Gruppiert man also die einzelnen Spulenseiten im Nutenplan so, daß zwischen den Gruppenspulen mit 3 Nutspulen immer 2 Gruppenspulenseiten mit 2 Nutspulen der Gegenphasen zu liegen kommen, dann kann sich an der Symmetrie der Wicklung nichts ändern. Um dies zu erreichen, braucht man im Nutenplan der Abb. 94b nur die in der Nut 8 und 23 liegenden Spulenseiten im Sinne der Regel 4 um $y_p = 15$ Nuten versetzen, also die beiden Spulenseiten miteinander vertauschen, und man erhält

eine Ebene mit 3 Nutenspulen und
eine Ebene mit 2 Nutenspulen,

wie es die Abb. 95 zeigt. An den Polaritäten (Pfeilrichtungen) hat sich natürlich nichts geändert, somit wurde die Symmetrie in keiner Weise gestört.

Wicklungen mit dem Bruch ½ lassen sich bei einiger Übung auch ohne Hilfsmittel austeilen; wir kommen darauf noch zurück.

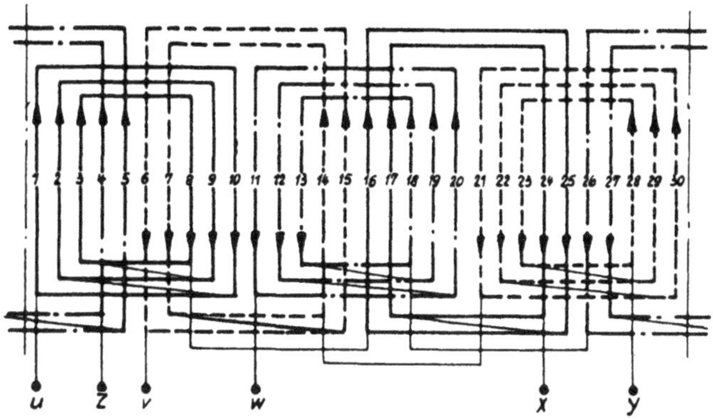

Abb. 95

$\gamma =$	1		2		3		4		5		6	
+U in Nut	1	+7=	8	+7=	15	+7=	22	+7=	29	+7=	36	+7
+Z in Nut	7	+7=	14	+7=	21	+7=	28	+7=	35	+7=	6	+7
−V in Nut	13	+7=	20	+7=	27	+7=	34	+7=	5	+7=	12	+7
−X in Nut	19	+7=	26	+7=	33	+7=	4	+7=	11	+7=	18	+7
−W in Nut	25	+7=	32	+7=	3	+7=	10	+7=	17	+7=	24	+7
+Y in Nut	31	+7=	2	+7=	9	+7=	16	+7=	23	+7=	30	

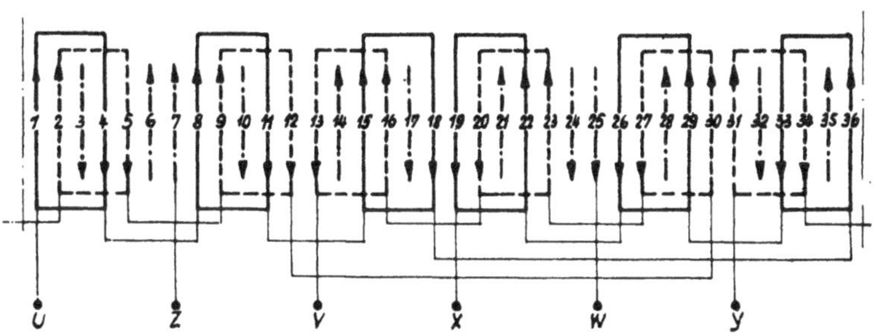

Abb. 96

2. Beispiel:

Es ist für einen 36-Nuten-Ständer eine zehnpolige Dreiphasen-Bruchlochwicklung zu entwerfen, also $N = 36$, $p = 5$, $\gamma = N/2m = {}^{36}/_{6} = 6$; $\gamma/p = {}^{6}/_{5} = 1{,}2 = 1^{1}/_{5}$; $y_p = N/p = {}^{36}/_{5} = 7{,}2$,

$$\text{daher } y_p = \frac{N \pm 1}{p} = \frac{36 - 1}{5} = 7\,.$$

Die Wicklung ist phasenrein, weil den späteren Ausführungen zufolge $\frac{N}{t \cdot m}$ = ganze Zahl erfüllt wird, und es sind die Phasenanfänge U, V und W daher um 120° (entspricht 12 Nuten) versetzt. Der besseren Übersicht wegen sind nur zwei Phasen geschaltet. In diesem Beispiel kann man mehrere Unregelmäßigkeiten feststellen.

1. Je die Hälfte der Phasenspulen ist vor- und die andere rückschreitend geschaltet.
2. Die Anzahl der nach oben und unten gerichteten Spulenseiten (Pfeile) ist auch hier nicht gleich.

Zu 1. Auf die elektrischen Eigenschaften der Maschine hat die Art der Anbringung der Spulenverbinder, insbesondere bei kleinen Leistungen, keinen Einfluß.

Zu 2. Diese Polflußunregelmäßigkeiten sind bei Generatoren im allgemeinen unschädlich. Bei Motoren, insbesondere bei größeren Kurzschlußläufermotoren mit einer ungünstigen Läufernutenzahl, sind nachteilige Auswirkungen hinsichtlich Anlaufmoment und Geräusch denkbar.

3. Beispiel:

Ein Drehstrommotor mit 54 Nuten soll von sechs- auf achtpolig umgewickelt werden, also:

$N = 54$, $p = 4$, $\gamma = N/2m = {}^{54}/_{6} = 9$, $\gamma/p = {}^{9}/_{4} = 2{,}25 = 2^{1}/_{4}$ und $y_p = N/p = {}^{54}/_{4} = 13{,}5$. Da $y_p = 13\frac{1}{2}$, wählt man y_p abwechselnd mit 13 und 14, und nach jedem Umlauf ± 1. Wir wählen -1.

Um zu den einfachen Verbindungen der Abb. 97 zu kommen, ist die Spulenseite in Nut 17 mit der in Nut 31 und die in Nut 33 mit der in Nut 46 zu vertauschen, d. h., es sind diese Nutspulen auf bekannte Art (vgl. Regeln), also um $a \cdot y_p$ zu versetzen bei Beibehaltung der Stromrichtung.

Die Wicklung ist phasenrein, da $\frac{N}{t \cdot m}$ = ganze Zahl, somit kann man $1 + 18 = 19 + 18 = 37$ als Phasenanfänge wählen. Die Schaltung ist für eine Phase durchgeführt und von den beiden anderen Phasen der Dreiebenenwicklung ist, der besseren Übersicht wegen, nur die obere Wicklungshälfte dargestellt.

4. Beispiel:

Der Motor des Beispieles 3 soll von sechs- auf vierpolig umgewickelt werden, also

$$N = 54,\ p = 2,\ \gamma = N/2m = 9,\ \gamma/p = {}^{9}/_{2} = 4^{1}/_{2}.$$

Diese Wicklung kann man, wie bereits erwähnt, ohne Hilfsmittel sofort auslegen; denn für eine Zweiebenenwicklung ist

die Anzahl der Gruppenspulen $G = p \cdot m$ und je Phase $G = p = 2$,
die Anzahl der Nutspulen je Phase $\gamma = 9$,

daher kann man die Anzahl der Nutspulen je Gruppenspule mit 5 und 4 wählen.

Ordnet man nun die 3 Gruppenspulen mit den 5 Nutenspulen nebeneinander in der 1. Ebene an (zwischen jeder Gruppenspule liegen immer die Gruppenspulenseiten der beiden Fremdphasen), dann erhält man die in

γ =	1		2		3		4		5		6		7		8		9	
U ↑ in Nut	1	(13)	14	(14)	28	(13)	41	(14 −1)	54	(13)	13	(14)	27	(13)	40	(14 −1)	53	(13)
Z ↑ in Nut	12	(14)	26	(13)	39	(14 −1)	52	(13)	11	(14)	25	(13)	38	(14 −1)	51	(13)	10	(14)
V ↓ in Nut	24	(13)	37	(14 −1)	50	(13)	9	(14)	23	(13)	36	(14 −1)	49	(13)	8	(14)	22	(13)
X ↑ in Nut	35	(14 −1)	48	(13)	7	(14)	21	(13)	34	(14 −1)	47	(13)	6	(14)	20	(13)	33	(14 −1)
W ↓ in Nut	46	(13)	5	(14)	19	(13)	32	(14 −1)	45	(13)	4	(14)	18	(13)	31	(14 −1)	44	(13)
Y ↑ in Nut	3	(14)	17	(13)	30	(14 −1)	43	(13)	2	(14)	16	(13)	29	(14 −1)	42	(13)	1	

Da Nut 1 bereits besetzt ist $1 + Y_p = 1 + 14 = 15$

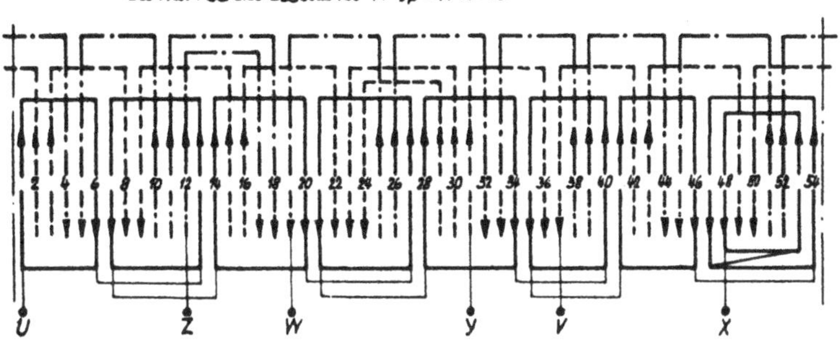

Abb. 97

Abb. 98 dargestellte Zweiebenenwicklung, die sich in der Herstellung in keiner Weise von einer normalen Zweiebenenwicklung unterscheidet. Die drei Phasenanfänge sind um 120 elektrische Grade (räumlich um 60°, da vierpolige Maschine) versetzt. Auch diese Wicklung ist phasenrein, und sie wird im Anhang noch ausführlicher besprochen.

Die Wicklung der Abb. 98 kann man mit Hilfe der angegebenen Regeln ohne weiteres auch als gesehnte Zweischichtwicklung auslegen, und es zeigt die Abb. 99 das Schema dazu. Es werden die Spulenseiten der einzelnen Halbgruppenspulen U, Z, V, X, W, Y abwechselnd mit 5 und 4 Teilspulen eingetragen, u. zw. zuerst die Unterschicht I und dann, mit Hilfe des Nutenschrittes, die Oberschicht II. Diese Wicklung ist zweifach parallel schaltbar, weil jedes Polpaar p zwei in Reihe geschaltete gleichwertige Halbgruppenspulen je Phase besitzt.

Vermehrt man bei einer Dreiphasen-Ganzlochwicklung z. B. die Nutenzahl um 3 Nuten, die unbewickelt bleiben, dann erhält man eine Wick-

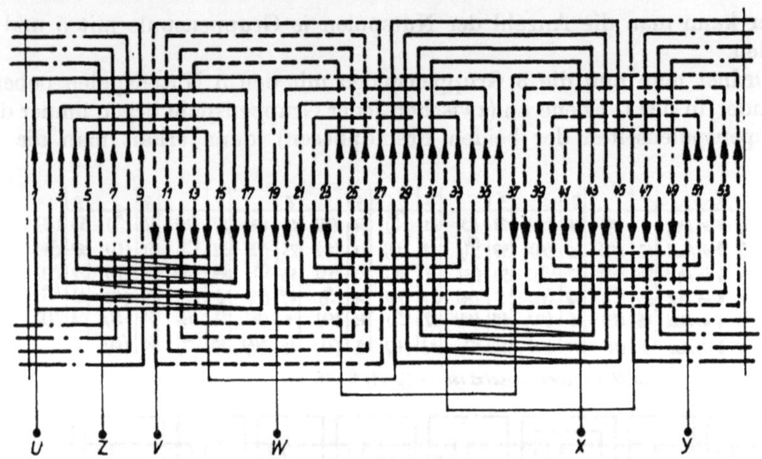

Abb. 98. Bruchloch-Zweiebenenwicklung, Reihenschaltung

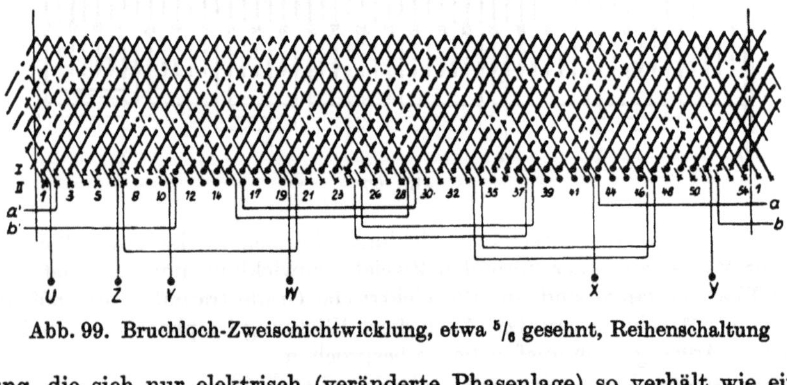

Abb. 99. Bruchloch-Zweischichtwicklung, etwa $^5/_6$ gesehnt, Reihenschaltung

lung, die sich nur elektrisch (veränderte Phasenlage) so verhält wie eine Bruchlochwicklung, denn der Ausführung nach ist sie eine Ganzlochwicklung, weil die bewickelte Nutenzahl q je Pol und Phase eine ganze Zahl ist. Dazu ein Beispiel für eine zehnpolige Maschine mit 33 Nuten.

Für den Nutenplan gelten die Regeln der Ganzlochwicklung, weil die drei leeren Nuten, gleichmäßig am Ankerumfang verteilt, nicht mitgezählt werden. Ebenso verteilt man die Phasenanfänge gleichmäßig am Ankerumfang und man erhält auf diese Weise die in Abb. 100 dargestellte Wicklung, die, wicklungstechnisch beurteilt, keine Bruchlochwicklung ist.

Nachstehend werden noch die allgemeinen Bedingungen für symmetrische Bruchlochwicklungen (alle Nuten bewickelt) angegeben:

1. ... $\frac{N}{2m} = \gamma =$ ganze Zahl = Anzahl der Nutspulen je Phase. Bei Zweischichtwicklungen ist N/m zu setzen.

2. ... $\frac{N}{t \cdot m} =$ ganze Zahl.

t = größter gemeinsamer Teiler von Nutenzahl N und Polpaarzahl p.

m = Phasenzahl. Bei der Zweiphasenwicklung ist bei der 2. Bedingung für $m = 4$ einzusetzen, weil Abb. 40 zufolge die Phasen um 90^0 gegeneinander versetzt sind. Demnach ist die Zweiphasenwicklung streng genommen eine Vierphasenwicklung mit der Phasenverschiebung $360^0/4 = 90^0$.

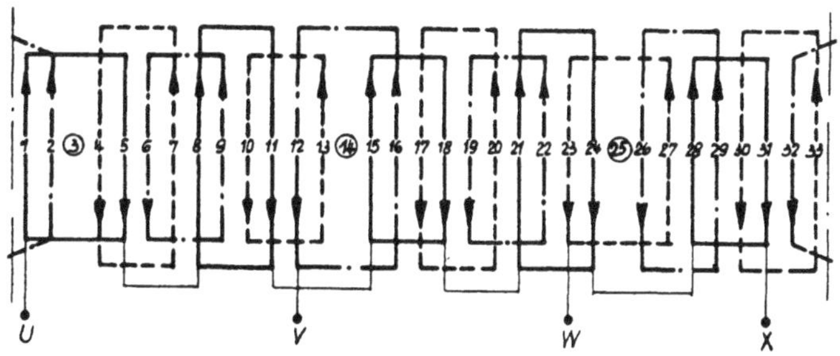

Abb. 100. Bruchlochwicklung mit 3 leeren Nuten

Beispielsweise kann eine Dreiphasenwicklung mit $p = 3$, $N = 24$, $\gamma = N/2m = 4$ und $t = 3$ nicht symmetrisch sein, weil

$$\frac{N}{t \cdot m} = \frac{24}{3 \cdot 3} = \frac{24}{9}$$

keine ganze Zahl, somit ist die Wicklung nicht phasenrein, also unsymmetrisch.

Bei den besprochenen Beispielen werden die oben angegebenen beiden Bedingungen erfüllt, d. h. es handelt sich um symmetrische Wicklungen.

Da bei der Bruchlochwicklung q eine gebrochene Zahl ist, kann man q in eine ganze Zahl g und in einen echten Bruch $\frac{\text{Zähler}}{\text{Nenner}} = \frac{z}{n}$ zerlegen, somit ist

$$\frac{N}{2 \cdot p \cdot m} = \frac{\gamma}{p} = q = \frac{z'}{n} = g + \frac{z}{n},$$

wobei $n = p$ oder $n = 2p$ sein kann. Diese Form der Anschreibung wird bei anderen Verfahren der Wicklungsausteilung (vgl. X) angewendet.

Das von uns verwendete einfache Verfahren eignet sich natürlich auch für die Darstellung von unsymmetrischen Wicklungen und es wird dem Leserkreis empfohlen, das Wicklungsschema für die bereits besprochene unsymmetrische 6polige Drehstromwicklung mit Hilfe unseres Verfahrens selbständig zu entwerfen, weil sich diese Wicklung außergewöhnlich gut als Schulbeispiel eignet. Unter VII bringen wir von dieser Wicklung zwei Ausführungsmöglichkeiten zum Vergleich.

B. Polumschaltbare Wicklungen

Es ist natürlich ohne weiteres möglich, eine Maschine für mehrere Polzahlen zu bewickeln. Zum Beispiel kann ein Ständer mit 36 Nuten gleichzeitig eine 2polige, 4polige und 6polige Ganzlochwicklung erhalten, weil dabei q sechs, drei oder zwei, also immer ganzzahlig, ist. Wählt man dazu einen Kurzschlußläufer mit einer geeigneten Nutenzahl, dann kann man durch wahlweise Benützung der einen oder anderen Ständerwicklung den Motor mit einer synchronen Drehzahl von 3000, 1500 oder 1000 Umdrehungen per Minute betreiben. Die einzelnen Wicklungen können ganz normal ausgeführt werden, so daß es sich erübrigt, darauf näher einzugehen.

Andere Möglichkeiten sind dadurch gegeben, daß man ein und dieselbe Wicklung umschaltet; es zeigt die Abb. 101 eine normale 4polige Wicklung und die Abb. 102 die auf 2polig umgeschaltete Wicklung mit der Feld-

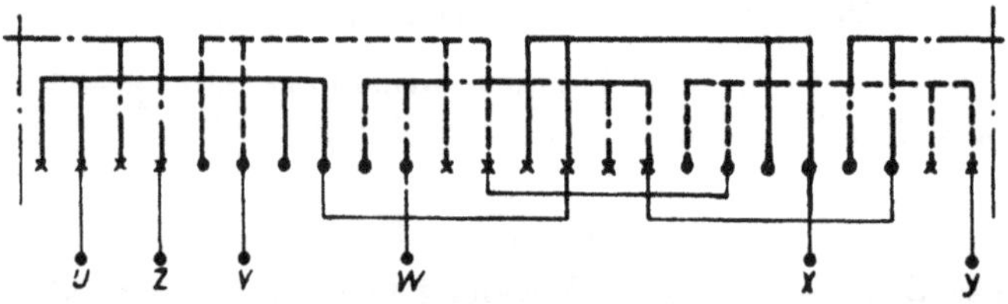

Abb. 101. Normale 4polige Wicklung

erregerkurve. Mit Rücksicht auf den wesentlich schlechteren Wicklungsfaktor und auf die erhöhte Anker-Rückeninduktion muß die 2polige Wicklung auch in Reihe geschaltet werden und man bekommt in dieser Schaltung nur etwa die 4polige Leistung in der 2poligen Schaltung. Die Felderregerkurve (vgl. II. j) hat nachteilige Zacken und es werden derartige Umschaltungen daher praktisch kaum ausgeführt. Polumschaltbare Wicklungen lassen sich wesentlich günstiger auslegen und es zeigen die Abb. 103 und 104 die stark verbreitete polumschaltbare Dahlander-Zweischichtwicklung mit dem Polzahlverhältnis 2 : 1 mit den Felderregerkurven, die keine Zacken mehr enthalten.

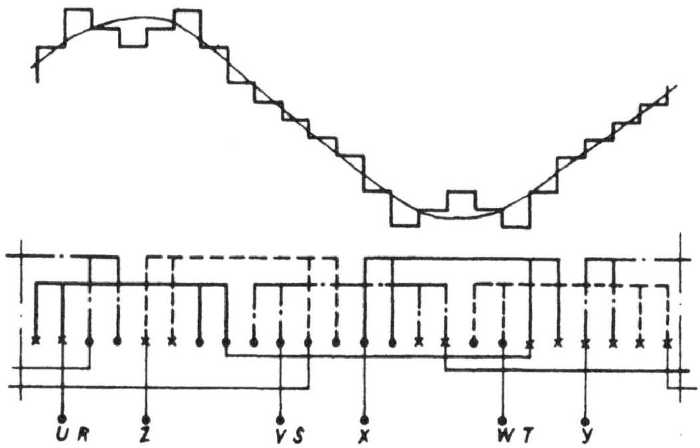

Abb. 102. Wicklung der Abb. 101 auf 2polig umgeschaltet mit Felderregerkurve

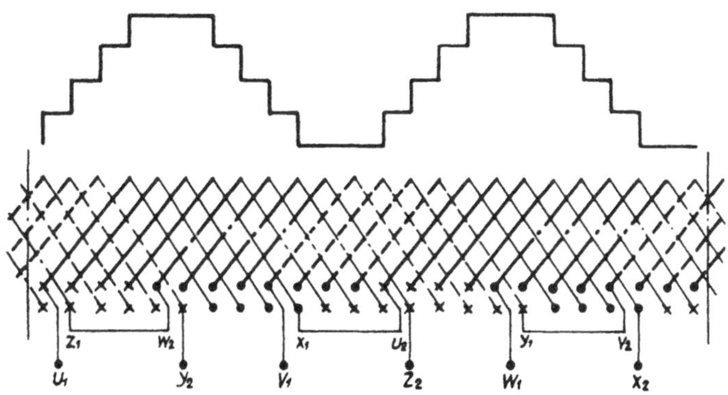

Abb. 103. Zweischichtwicklung, 4polig geschaltet

Bei einer normalen 4poligen Wicklung wäre bei der ungesehnten Wicklung mit 24 Nuten

$$Y_N = \frac{N}{2 \cdot p} = 6, \text{ also 1 in 7 und } q = \frac{N}{2 \cdot p \cdot m} = 2$$

und bei der 2poligen Wicklung wäre $Y_N = 12$ und $q = 4$. Demnach hat diese Sonderwicklung

4polig den normalen Nutenschritt und die 2polige Gruppenspulenbreite oder Zonenbreite und

2polig die normale Spulenbreite und den 4poligen Nutenschritt.

Die starke Überschreitung der Zonenbreite in dem einen Fall und die starke Unterschreitung des Nutenschrittes in dem andern Fall wirken sich natürlich nachteilig auf den Wicklungsfaktor, der im Abschnitt IV ausführlich behandelt wird, aus.

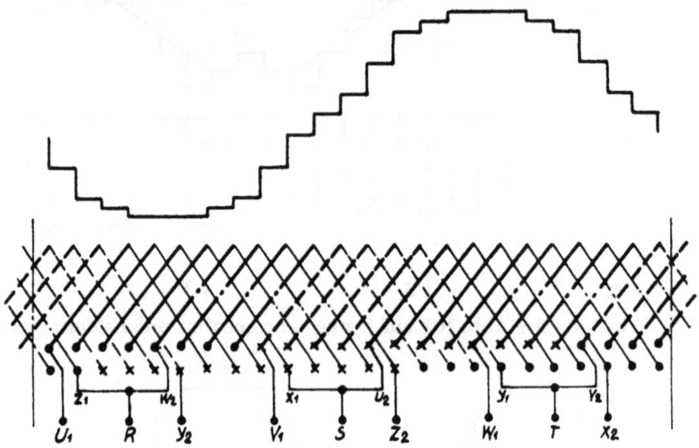

Abb. 104. Zweischichtwicklung, 2polig geschaltet

Demnach ist 4polig der Zonenfaktor ξ_z statt für 60° für 120° Zonenbreite zu bestimmen und 2polig der Sehnungsfaktor ξ_s für 90° räumlich, weil die Sehnung $^1/_2$ beträgt. Es ist Abschnitt IV Abb. 112c und Abb. 113 zufolge

$$\xi_{s4} = 1; \; \xi_{z4} \cong 0{,}83 \text{ und } \xi_{s2} \cong 0{,}71; \; \xi_{z2} \cong 0{,}95.$$

Die Wicklung der Abb. 103 und 104 kann vielseitig geschaltet werden und es ist für einspannige Ausführungen, z. B. 380 Volt, 4polig, die Reihen-Δ-Schaltung nach Abb. 105 und 2polig die 2fache Parallel-⅄-Schaltung, kurz *E*⅄ 2f. P., nach Abb. 106 üblich, wenn die Einschaltung des Motors direkt erfolgt, weil dann die Polumschaltung auch mit einem einfachen Schalter nach Abb. 107 erfolgen kann. In der 4poligen Schalterstelle I (I verschiebt sich nach rechts in die Stelle 0) wird *R* mit *U*, *S* mit *V* und *T* mit *W* verbunden, so wie es die Abb. 105 verlangt. In der 2poligen Schalterstellung II (I und II verschiebt sich so nach rechts, daß II in die Stelle 0 kommt) wird *R* mit *Z*, *S* mit *Y* und *T* mit *X* verbunden. Durch die Verbindung

UVW entsteht der Sternpunkt. Bei der Schaltung nach Abb. 106 ändert das Drehfeld die Richtung, weshalb *S* mit *T* zu vertauschen ist. Mit dieser Wicklungsanordnung und Wicklungsschaltung ist daher das Spannungsverhältnis unter der Annahme gleicher Luftinduktion B_l (vgl. II G)

$$E_{\curlywedge\,2\text{f. P.}} \cong E_2 \cong E_4 \cdot \frac{\sqrt{3}\cdot 2}{2} \cdot \frac{\xi_{z2}\cdot\xi_{s2}}{\xi_{z4}\cdot\xi_{s4}} \cong E_4 \frac{1{,}73\cdot 0{,}95\cdot 0{,}71}{0{,}83} \cong E_4 \cdot 1{,}4\,,$$

weil 2polig die doppelte Spannung induziert wird. Demnach wäre der Motor in der 2poligen Schaltung für eine um 40% höhere Spannung geeignet. An die gleiche Spannung angeschlossen, arbeitet der Motor nur

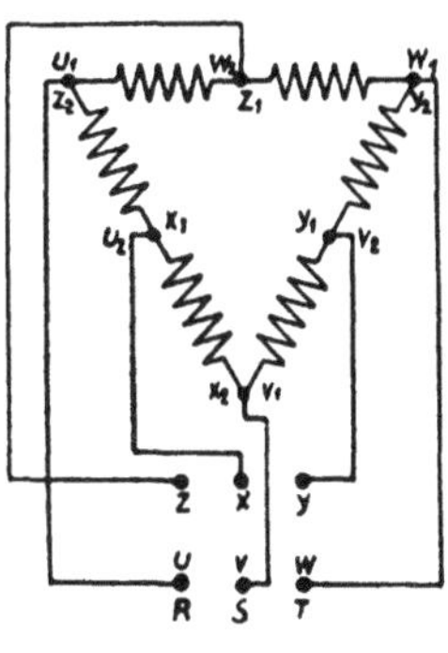

Abb. 105

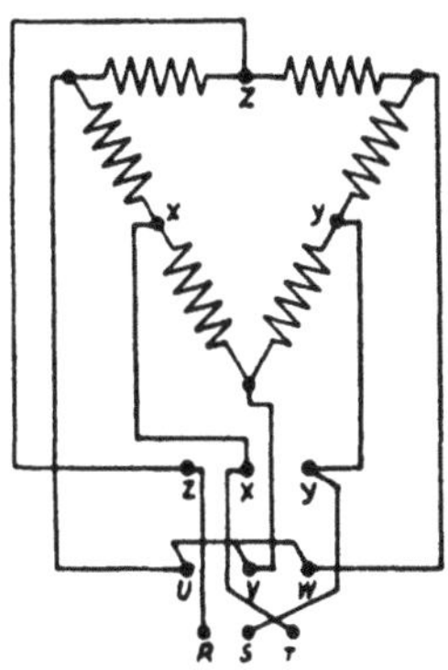

Abb. 106

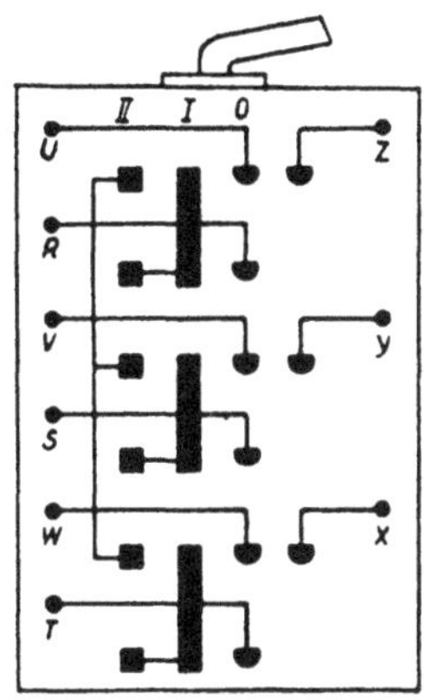

Abb. 107

mit einer Feldstärke von 71%. Diese Schaltung wählt man etwa dann, wenn ein 4poliges Maschinenmodell mit dem schwachen Ankerrücken verwendet wird (vgl. II g Ankerinduktion) und die Leistung bei beiden Polzahlen ungefähr gleich sein kann. Man kann aber z. B. durch die Schaltung

4polig, Reihe $\curlywedge$ und
2polig, Reihe Δ .

das Spannungsverhältnis

$$E_{\Delta} = E_2 \cong E_4 \cdot \frac{2}{\sqrt{3}} \cdot \frac{\xi_{z2}\cdot\xi_{s2}}{\xi_{z4}\cdot\xi_{s4}} \cong E_4 \frac{1{,}16\cdot 0{,}95\cdot 0{,}71}{0{,}83} \cong E_4 \cdot 0{,}95 \cong E_4$$

erzielen. Der Motor arbeitet also bei beiden Polzahlen praktisch mit demselben Feld, d. h. die Maschine kann, wenn sie magnetisch für beide Polzahlen richtig bemessen ist, 2polig auch die doppelte Leistung abgeben.

Es sind außerdem noch Mehrspannungs-Schaltungen, auch mit $\curlywedge/\Delta$-Anlauf, möglich, es fordern derartige Schaltungen aber ein größeres Maschinenmodell.

C) Wechselstromwicklung zum wahlweisen Anschluß an verschiedene Netzspannungen*)

Es wird bekanntlich bei vielen Wechselstrommaschinen, insbesondere bei Antriebsmotoren von Schweißgeneratoren meistens verlangt, daß sie für die häufig vorkommenden Spannungen 220/380/500 V verwendbar sind. Die Abb. 108 zeigt eine etwa 4/5 gesehnte Zweischichtwicklung, die die gestellten Anforderungen bestens erfüllt, weil sie ohne nennenswerte Mehrkosten betriebssicher herstellbar ist und die noch tragbaren Felddifferenzen von etwa ± 7 % nicht überschritten werden.

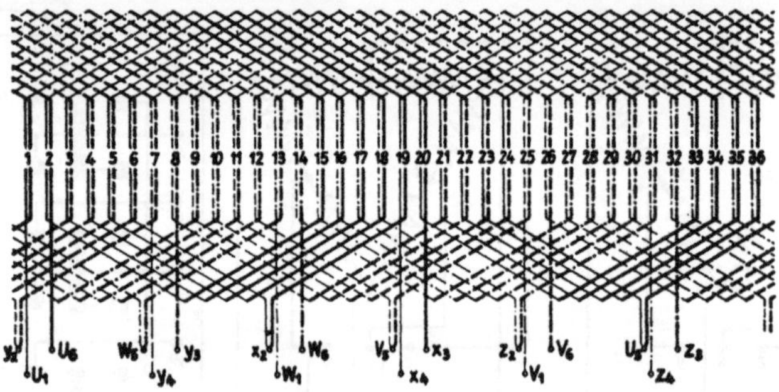

Abb. 108. Angezapfte zweipolige Zweischichtwicklung, etwa 4/5 gesehnt

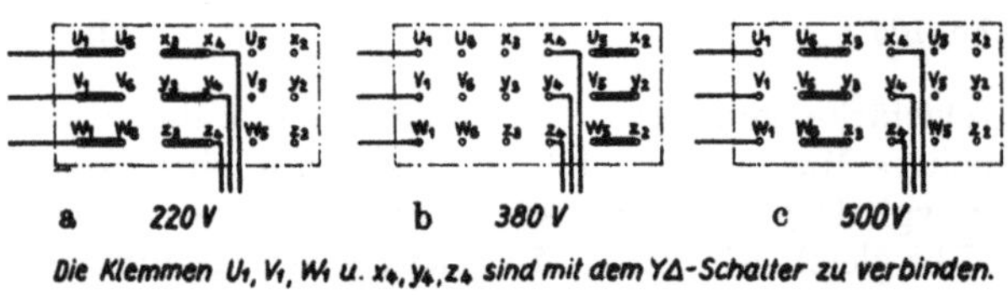

Abb. 109. Klemmenbrücke zur Herstellung angepaßter Wicklungsschaltungen

Bei dieser Wicklung besteht jede Phasenwicklung aus zwei gleichen Hälften, die jede für sich zwischen Nuten Anschlüsse aufweisen, wobei zur Herstellung angepaßter Wicklungsschaltungen an die jeweils zur Verfügung stehende Spannung die End- und Zwischenanschlüsse jeder Phasenwicklung an eine Klemmenbrücke herausgeführt sind. Die Abb. 108 stellt eine zweipolige Wicklung mit 36 Nuten dar, wobei wahlweise mit einer Nutenzahl je Pol und Phase $q = 6$ und 5 gearbeitet wird. Die Abb. 109 zeigt, wie die Schaltungen an der Klemmenbrücke vorzunehmen sind.

*) Nach einem Vorschlag des Verfassers. Patentinhaber ELIN-UNION, Wien.

Bei der Schaltung

nach a) ist die Wicklung in Parallelschaltung für 234 V, $\Delta = 100\%$ ausgelegt, wobei alle 36 Nuten mit $q = 6$ wirksam sind. Mit 220 V betrieben, ergeben sich —6,5% Felddifferenz.

nach b) ist die Wicklung in Reihenschaltung für 390 V, $\Delta = 100\%$ ausgelegt, wobei nur 30 Nuten mit $q = 5$ wirksam sind. Mit 380 V betrieben, ergeben sich —2,5% Felddifferenz.

nach c) ist die Wicklung in Reihenschaltung für 467 V, $\Delta = 100\%$ ausgelegt, wobei alle 36 Nuten mit $q = 6$ wirksam sind. Mit 500 V betrieben, ergeben sich +6,5% Felddifferenz.

Die für die Schaltung b) dargestellte Felderregerkurve (Abb. 110) zeigt, daß sich trotz der stromlosen Wicklungsteile ein noch symmetrischer Kurvenverlauf ohne stärker ausgeprägte Zacken und Abplattungen ergibt, weshalb es auch beim ⅄/Δ-Anlauf keine Schwierigkeiten gab.

Bei Motoren erfolgt der Anlauf bei allen Spannungen mit einem normalen ⅄/Δ-Schalter.

Diese Ausführung bewährt sich auch bei unterschiedlichen Netzfrequenzen, weil sich in diesem Beispiel bei der *b*-Schaltung (60 Hz) und bei der *a*- oder *c*-Schaltung (50 Hz) bei gleichen Spannungen gleiche magnetische Beanspruchungen in der Maschine ergeben.

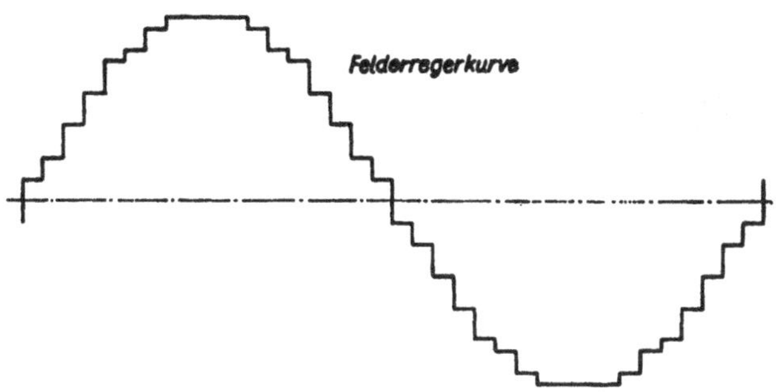

Abb. 110. Felderregerkurve zu der in Abb. 108 dargestellten Wicklung

D) Phasenumschaltbare Wicklung

Bekanntlich bleibt ein leerlaufender oder nicht voll belasteter Drehstrommotor bei einem Phasenausfall nicht stehen; er läuft einphasig mit derselben Drehzahl weiter. Daraus kann man folgern, daß aus dem Drehstrommotor ein Einphasenmotor geworden ist und es gibt der Vergleich der Abb. 111a und Abb. 111b mit Abb. 43 ohne weiteres darüber Aufschluß. Schaltet man z. B. bei der Drehstromwicklung nach Abb. 111a mit $q = 1$

die Phase V aus, dann entsteht bei der ⅄-Schaltung (XYZ miteinander verbunden) die einphasige Wicklung mit $q = 2$ durch Reihenschaltung der beiden Phasen U und W. Bei der Δ-Schaltung ist bekanntlich U mit Z, V mit X und W mit Y verbunden. In diesem Falle sind, wie es die Abb. 111b veranschaulicht, bei einem Phasenausfall einphasig alle Spulen vom Strom durchflossen, aber so, daß zwei Zweige mit verschiedener Spulenzahl parallel geschaltet sind. Es liegt ein Zweig, bestehend aus U—X und V—Y parallel zum Zweig Z—W. An der Polarität ändert sich dadurch an der Maschine nichts (siehe Abbildungen), weshalb der Drehstrommotor bei Phasenausfall auch in derselben Drehrichtung einphasig weiterläuft. Die Stromaufnahme ist in den beiden Parallelzweigen mit der unterschiedlichen Spulenanzahl sehr ungleich, wodurch die Spule Z—W mit der größeren Stromaufnahme gefährdet ist. Auch im Falle a) ist die Wicklung bei einphasigem Lauf gefährdet, wenn der Motor vor dem Phasenausfall stärker belastet war, weil der einphasige Motor nur mit etwa 60 % von der Drehstromleistung belastbar ist. Schaltungsmäßig sind also die Voraussetzungen für den einphasigen Weiterlauf gegeben. Die physikalische Begründung ist die, daß das Feld der rotierenden und stromführenden Läuferstäbe mit dem Ständerwechselfeld ein Drehfeld bildet.

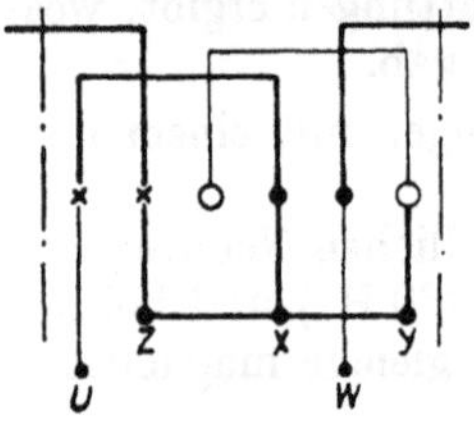

Abb. 111a

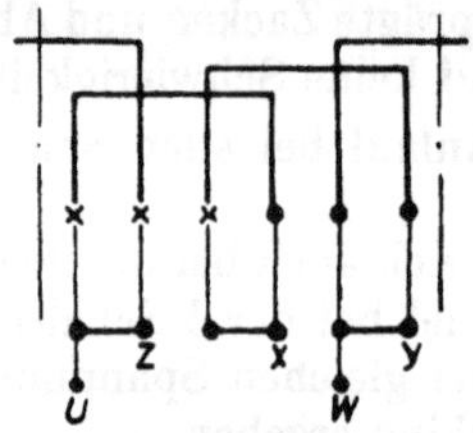

Abb. 111b

Das Spannungsverhältnis, dreiphasig — einphasig, $E_3 : E_1$, verhält sich z. B. bei in ⅄ geschalteten Maschinen unter der Annahme gleicher Luftinduktion B_l wie 1 : 1, denn es ist

$$E_1 = E_{3}^{\curlywedge} \frac{2}{\sqrt{3}} \cdot \frac{\xi_{z1}}{\xi_{z3}} = E_{3}^{\curlywedge} \frac{2 \cdot 0{,}83}{1{,}73 \cdot 0{,}95} \cong E_{3}^{\curlywedge},$$

weil einphasig 2 Phasen in Serie geschaltet sind und der Wicklungsfaktor einphasig (vgl. Abschnitt IV) 0,83 beträgt, wenn $^2/_3$ Nuten bewickelt sind und $^1/_3$ Nuten frei bleiben. Bei der Dreieckschaltung wäre das Spannungsverhältnis

$$E_1 = E_3 \frac{\xi_{z1}}{\xi_{z3}} = 0{,}87\, E_3 .$$

Wegen der Parallelschaltung der beiden Wicklungszweige treten günstigere magnetische Verhältnisse auf, so daß meistens der Anschluß an die volle Spannung (vgl. Anhang) möglich ist.

Bei einem Phasenausfall kann der stehengebliebene Motor nicht mehr von selbst anlaufen; es wurde die Begründung im Abschnitt I J c gegeben. Um den Selbstanlauf bei Einphasenmotoren zu bewirken, wird u. a. in die $^1/_3$ freien Nuten eine sogenannte Hilfsphase eingelegt, die nur zum Anlauf dient und im allgemeinen einen bedeutend höheren Ohmschen Widerstand besitzt. Unter VIII a werden Richtlinien über die Auslegung von Anlaufwicklungen angegeben.

IV. Einfluß der Wicklungen auf die Spannungshöhe

(Bestimmung der Wicklungsfaktoren)

Die Höhe der induzierten Spannung in der Ankerwicklung ist u. a. von der Stärke des magnetischen Feldes, von der Windungszahl der Ankerwicklung (induzierter Teil) und vom Wicklungsfaktor abhängig. Wir haben uns in dieser Arbeit nur mit dem Wicklungsfaktor, der sich aus Zonen- und Sehnungsfaktor zusammensetzt, zu befassen.

a) Bestimmung des Zonenfaktors

Liegen alle Leiter einer Gruppenspulenseite in einer Nut, ist also $q = 1$, dann ist der Zonenfaktor $\xi_z = 1$, weil in allen Leitern eine gleich große Spannung im gleichen Zeitaugenblick induziert wird. Ist jede Gruppenspule auf mehrere Nuten verteilt, dann wird ξ_z immer kleiner als „Eins", weil die Spannungen in den Teilspulen einen Phasenunterschied aufweisen und die geometrische Summe, also die resultierende Spannung, immer kleiner ist als die durch die algebraische Addition erhaltene. Die gesamte Spannung in einer Gruppenspule ist um so kleiner, je öfter man die Spule unterteilt, d. h., die Ausnützung der Wicklung nimmt mit zunehmender Nutenzahl q je Pol und Phase ab. Stellt man sich vor, daß die q Nuten so dicht am Ankerumfang nebeneinander liegen, daß sie einen Bogen bilden, dann muß mit dieser Annahme die Wicklung am schlechtesten ausgenützt sein. Im Abschnitt II A haben wir bereits festgestellt, daß bei einer zweipoligen Dreiphasenmaschine jede Gruppenspulenseite $^1/_3$ eines Poles (60^0 räumlich) bedeckt, bei einer Zweiphasenmaschine bedeckt jede Gruppenspulenseite $^1/_4$ eines Poles (90^0 räumlich) und bei einer Einphasenmaschine bedeckt jede Gruppenspulenseite $^1/_2$ eines Poles (180^0 räumlich) und es sind in Abb. 112a, b und c diese drei Fälle skizziert.

Hat eine Maschine eine größere Polzahl, dann ändern sich die räumlichen Grade im Verhältnis der Polpaarzahl p und es ist deshalb üblich, mit elektrischen Graden zu arbeiten. Dadurch ändert sich elektrisch an der Maschine nichts (vgl. Abschnitt II n), d. h. die Abb. 112 behält für alle Polzahlen die Gültigkeit, weil man nur ein Polpaar zu betrachten hat und dieses Polpaar, unabhängig von der Polzahl, immer 360 elektrische Grade hat.

Die in den q Nuten induzierten Spannungen addieren sich geometrisch, daher ist, von etwa $q = 2$ aufwärts, da die Wicklung über eine Zone verteilt ist, der

$$\text{Zonenfaktor } \xi_z \cong \frac{\text{Sehne}}{\text{Bogen}} \cong \frac{s}{b}$$

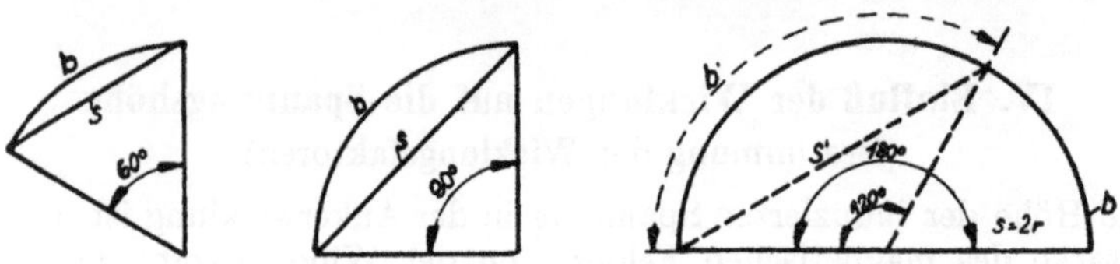

Abb. 112a—c

Auf die Größe des Zonenfaktors kann daher die Nutenzahl q je Pol und Phase keinen besonders großen Einfluß haben und es ist

für die Dreiphasenwicklung (Sehne von $^1/_6$ Bogen ist r.) $\xi_z \cong \frac{s}{b} \cong \frac{\text{Sehne}}{\frac{\text{Umfang}}{6}} \cong \frac{6r}{2r \cdot \pi} \cong \frac{3}{\pi} \cong 0{,}955$

für die Zweiphasenwicklung (Sehne von $^1/_4$ Bogen ist $\sqrt{2} \cdot r$) $\xi_z \cong \frac{s}{b} \cong \frac{\text{Sehne}}{\frac{\text{Umfang}}{4}} \cong \frac{4 \cdot \sqrt{2} \cdot r}{2r \cdot \pi} \cong \frac{2\sqrt{2}}{\pi} = 0{,}9$

für die Einphasenwicklung (Sehne von $^1/_2$ Bogen ist $2r$) $\xi_z \cong \frac{s}{b} \cong \frac{\text{Durchmesser}}{\frac{\text{Umfang}}{2}} = \frac{2 \cdot 2r}{2r \cdot \pi} \cong \frac{2}{\pi} \cong 0{,}637$

Bei einer Dreiphasenwicklung mit $q = 2$ ist der tatsächliche Zonenfaktor $\xi_z = 0{,}966$ und mit $q = 20$ ist $\xi_z = 0{,}956$, d. h. die Nutenzahl q je Pol und Phase hat praktisch keinen Einfluß, und es ist daher genügend genau, wenn man bei Dreiphasenwicklungen mit q = größer als 2 allgemein mit einem mittleren Zonenfaktor $\xi_z = 0{,}96$ rechnet.

Es fällt auf, daß bei der Einphasenwicklung (alle Nuten bewickelt) der Zonenfaktor sehr schlecht ist, weshalb noch der Zonenfaktor für eine $^2/_3$-Polbedeckung ($^1/_3$ Nuten unbewickelt) bestimmt wird. Der Abb. 112c zufolge ist der Zonenfaktor für eine $^2/_3$-Polbedeckung, also für $180^2/_3 = 120^0$ (gestrichelte Linien)

$$\xi_z \cong \frac{s'}{b'} \cong \frac{\text{Sehne}}{\text{Umfang}/3} \cong \frac{34{,}5}{42} \cong 0{,}825 \text{ (Sehne gemessen),}$$

also wesentlich besser. Werden daher bei einer Einphasenmaschine alle Nuten bewickelt, dann ändert sich die Spannung im Verhältnis

$$1{,}5\,\frac{0{,}637}{0{,}825} \cong 1{,}16,(1{,}5 = 1:{}^2/_3)$$

d. h. man erhält bei einem Mehraufwand von 50% Wickelmetall nur um rund 16% mehr Spannung, weshalb man bei Einphasenmaschinen meistens nur $^2/_3$ der Nuten bewickelt. Im Beispiel des Abschnittes III b haben wir für 120° den Zonenfaktor mit 0,83 angegeben.

b) Bestimmung des Sehnungsfaktors

Ist eine Wicklung stark gesehnt, ist also die Spulenweite wesentlich kleiner als die Polteilung, dann wird die induzierte Spannung in der Wick-

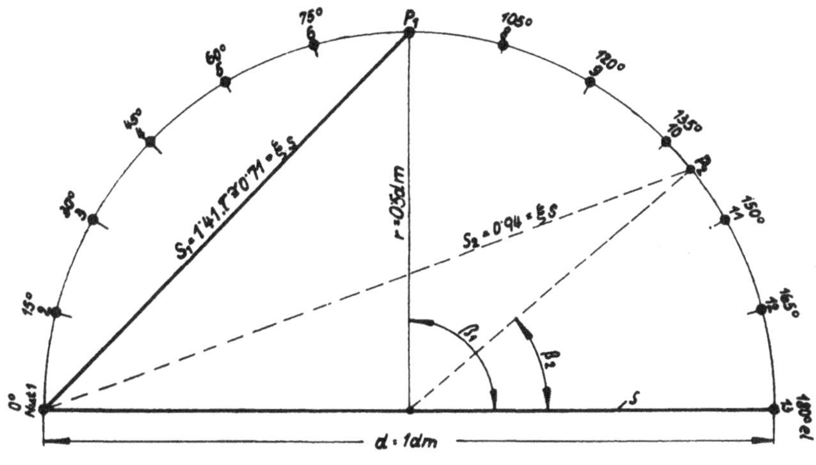

Abb. 113a. Sehnungsdiagramm

lung auch viel kleiner und es werden nachstehend einfache Verfahren für die Bestimmung des Sehnungsfaktors an Hand von Beispielen abgeleitet.

1. Beispiel: Zweipolige Dahlander-Wicklung nach Abb. 104 mit der Sehnung $^1/_2$ und $N = 24$, $m = 3$, $p = 1$.

Zeichnet man mit dem Radius $r = {}^1/_2$ dm einen Halbkreis, dann ist die Lage einer Durchmesserspule im Anker einer zweipoligen Maschine mit dem Nutenschritt $Y_N = \frac{N}{2p} = \frac{24}{2} = 12$, also 1 in 13 (Abb. 113a) gegeben. Die Spulenweite oder die Sehne s des Kreises fällt mit dem Durchmesser $d = 1$ dm des Kreises zusammen, und es ist das

$$\text{Verhältnis}\ \frac{\text{Sehne}}{\text{Durchmesser}} = \frac{s}{d} = 1\,.$$

In diesem Falle spricht man von einer ungesehnten Wicklung oder von einer Durchmesserwicklung. Bei der gesehnten Wicklung ist der Nutenschritt $Y'_N = \frac{N}{2p}\varepsilon$, wenn mit ε die Sehnung bezeichnet ist. Beträgt die Sehnung $\varepsilon = 0{,}5$, wie in diesem Beispiel, dann ist der Nutenschritt

$$Y'_N = \frac{N}{2p}\,0{,}5 = \frac{24}{2}\,0{,}5 = 6, \text{ also 1 in 7 statt 1 in 13}$$

und es ist jetzt das Verhältnis

$$\frac{\text{Sehne}}{\text{Durchmesser}} = \frac{s_1}{d} = \frac{0{,}5 \cdot 1{,}41}{1} = 0{,}71 = \xi_s\,,$$

weil $s_1 = r\sqrt{2}$ ist (Hypotenuse im rechtwinkligen Dreieck vgl. I h), und es wurde im Abschnitt III b für die Dahlander-Wicklung auch $\xi_s = 0{,}71$ angegeben. Die Sehne s_1 = Sehnungsfaktor ξ_s kann daher direkt abgemessen werden (Abb. 113a), d. h. sie ist ohne Rechenarbeit feststellbar. Man kommt auch auf folgende Art zum selben Ergebnis. Die Wicklung ist um die Differenz $Y_N - Y'_N = 12 - 6$ Nuten gesehnt, somit entfallen auf jede Nut $\frac{360^0}{N} = \frac{360^0}{24} = 15^0$ und auf 6 Nuten $15^0 \cdot 6 = 90^0 = \beta_1$. Der Schnittpunkt P_1 gibt daher die Lage der 2. Spulenseite an und es ist die Gerade 0—P_1 die Sehne $s_1 = \xi_s$. Es kommt also wieder eine Spulenseite in Nut 1 zu liegen und die andere in Nut 7.

2. Beispiel: Vierpolige normale Zweischichtwicklung, etwa $^4/_5$ gesehnt mit $N = 36$, $m = 3$, $p = 2$.

Als Durchmesserwicklung ist $Y_N = \frac{N}{2p} = 9$. Gesehnt ist $Y'_N = 9 \cdot \frac{4}{5} \cong 7$, d. h. die Wicklung ist um 2 Nuten gesehnt. Da auf ein Polpaar oder auf eine doppelte Polteilung p bzw. auf 360 elektrische Grade $\frac{N}{p} = \frac{36}{2} = 18$ Nuten entfallen (vgl. II A n), beträgt der Nutenwinkel in elektrischen Graden $\frac{360^{0el}}{18} = 20^0$ und für die Sehnung von 2 Nuten $40^0 = \beta_2$. Der Schnittpunkt P_2 gibt wieder die Lage der 2. Spulenseite an und es ist die Gerade 0—P_2 die Sehne $s_2 = \xi_s$. Das Verhältnis

$$\frac{\text{Sehne}}{\text{Durchmesser}} = \frac{s_2}{d} = \frac{0{,}94}{1} = 0{,}94 = \xi_s\,.$$

Demnach ist das Diagramm der Abb. 113a in elektrischen Graden für alle Pol- und Nutenzahlen verwendbar und der Sehnungsfaktor ξ_s ist wieder direkt meßbar.

Bei 2poligen Motoren wird häufig eine stärkere Sehnung angewandt, um kleinere Spulenköpfe zu bekommen. So z. B. trifft man bei 36nutigen Wicklungen sehr oft den Nutenschritt $Y'_N = 13$, also 1 in 14 an. Demnach ist die Wicklung um 5 Nuten gesehnt, d. h.

$$\frac{360^0}{36} 5 = 50^0 \text{ und } \frac{\beta}{2} = 25^0,$$

somit ist Tabelle 1 zufolge der Sehnungsfaktor $\xi_s = 0{,}906$.

Man kann den Sehnungsfaktor nämlich noch auf folgende Art, und zwar

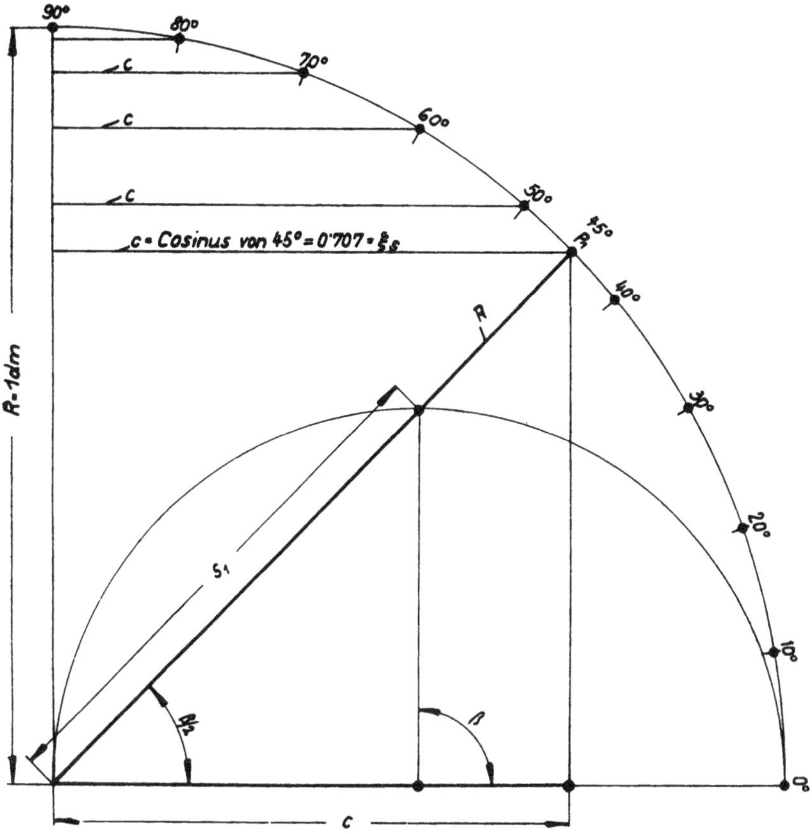

Abb. 113b. Sehnungsdiagramm

mit $\xi_s = \cos\frac{\beta}{2}$ ermitteln. Zeichnet man mit $R = 1$ dm den Viertelkreis bzw. das Kreisdiagramm (Abb. 113b) und verlängert man die Sehne s der Abb. 113a, die durch den Winkel $\beta/2$ gegeben ist, bis zum Schnittpunkt P_1 des Viertelkreises, dann ist

$$\cos\frac{\beta}{2} = \frac{\text{anliegende Kathete}}{\text{Hypotenuse}} = \frac{c}{R}$$

und $c = \xi_s = \cos\frac{\beta}{2} R = \cos\frac{\beta}{2}$, weil $R = 1$ ist. Im 1. Beispiel ist $\beta_1 = 90^0$, somit ist $\frac{\beta}{2} = 45^0$ und der Cosinus von $45^0 = 0{,}707$. Im 2. Beispiel ist $\beta_2 = 40^0$, somit $\frac{\beta}{2} = 20^0$ und der Cosinus von $20^0 = 0{,}94$. Man kann u. a. also auch auf diese Weise die Sehnungsfaktoren ermitteln. Für die praktisch vorkommenden Sehnungen sind die Sehnungsfaktoren ξ_s in Abhängigkeit von $\beta/2$ und der Sehnung in den Tabellen 1 und 3 angegeben.

Tabelle 1

$\beta/2$	10^0	15^0	20^0	25^0
ξ_s	0,985	0,966	0,94	0,906
$\beta/2$	30^0	35^0	40^0	45^0
ξ_s	0,866	0,819	0,766	0,707

Tabelle 2

Dreiphasen-Wicklung	Zweiphasen-Wicklung	Einphasen-Wicklung
$\xi_z \cong 0{,}96$	$\xi_z \cong 0{,}91$	$\xi_z \cong$ 0,64 (a) 0,84 (b)

In der Tabelle 2 sind für $q = 2$ bis 20 die Zonenfaktoren als Mittelwerte praktisch genügend genau zusammengestellt.

Es gilt a), wenn alle Nuten bewickelt sind, und b), wenn $^1/_3$ der Nuten freibleiben, und es ist der gesamte Wicklungsfaktor $\xi_g = \xi_z \cdot \xi_s$.

Bei den Bruchlochwicklungen bestimmt man ξ_g angenähert auf dieselbe Art. Wir wählen als Beispiel die Wicklung der Abb. 99 des Beispieles 4. Da $q = 4\frac{1}{2}$ ist, wird $\xi_z = 0{,}96$ sein, weil dieser Wert für $q = 2$ bis 20 gilt. Den Sehnungsfaktor ermittelt man auf folgende Art genügend genau: $\frac{N}{2p} = \frac{54}{4} = 13{,}5$; $Y'_N = 13{,}5 \cdot \frac{5}{6} \cong 11$, also 1 in 12.
Somit ist die Wicklung um $2\frac{1}{2}$ Nuten gesehnt. Es ist daher $\frac{N}{p} = \frac{54}{2} = 27$, und es beträgt der Nutenwinkel in elektrischen Graden $\frac{360^{0\,el}}{27} = 13^0$ und für die Sehnung von $2\frac{1}{2}$ Nuten rd. 33^0. Daher $\frac{\beta}{2} = 16{,}5^0$ und der Cosinus von $16{,}5^0 = 0{,}9588 \cong 0{,}96$. Diesen Wert schätzt man genügend genau auch aus Tabelle 1. Für eine $^5/_6$ gesehnte Ganzlochwicklung ist $\frac{\beta}{2} = 15^0$ und $\xi_s = 0{,}966$, also praktisch dasselbe.

Hinsichtlich des Zonenfaktors verhält sich die Bruchlochwicklung der Ganzlochwicklung gegenüber etwa so, als ob $q = \gamma$ wäre, d. h. die Bruchlochwicklung wirkt wie eine Wicklung mit einer viel höheren Nutenzahl q je Pol und Phase. Bei den unsymmetrischen Wicklungen ergeben sich wegen der Wicklungs-Unregelmäßigkeiten natürlich größere Abweichungen.

Tabelle 3

Sehnung =	$^5/_6$	$^4/_5$	$^3/_4$	$^2/_3$	$^1/_2$
$W/\tau = \varepsilon \approx$	0,835	0,8	0,75	0,67	0,5
$\xi_s \approx$	0,96	0,94	0,92	0,87	0,79

V. Einfluß der Wicklung auf die Spannungskurve

Die Wechselstrommaschinen werden so gebaut, daß die Spannungskurve möglichst sinusförmig ausfällt. Es haben daher die Feldkurvenform des Polrades und die Wicklungsanordnung einen entscheidenden Einfluß auf die Form der Spannungskurve.

a) Feldkurvenform

Bei den Schenkel- oder Einzelpolgeneratoren werden die Polschuhe meistens so geformt, daß der Luftspalt an den Polspitzen etwa doppelt so groß ist als in der Polmitte. Auf diese Art erhält das Polfeld eine Form, die von der Sinusform (besonders im Bereiche der Pole), nur wenig abweicht.

Bei der Vollpolmaschine (Turbogenerator) ist der Luftspalt über den ganzen Ankerumfang konstant (mechanisch bedingt), dafür ist aber die mit Gleichstrom gespeiste Polrad- oder Erregerwicklung nicht wie bei der Schenkelpolmaschine in einer Spule konzentriert angebracht, sondern in Nuten verteilt (Abb. 114). Allgemein werden nur etwa $^2/_3$ des Läuferumfanges bewickelt und man bekommt auf diese Weise im Luftspalt eine

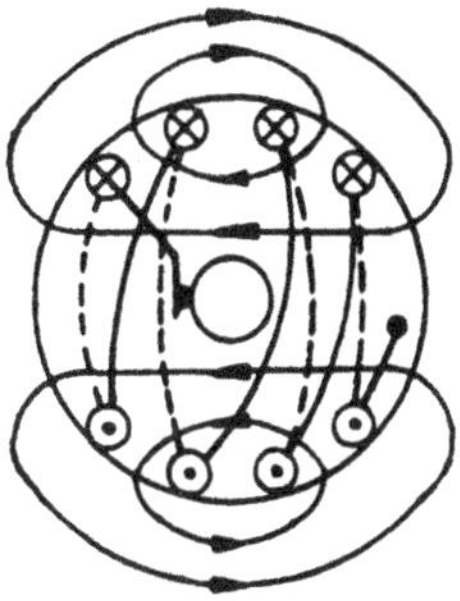

Abb. 114

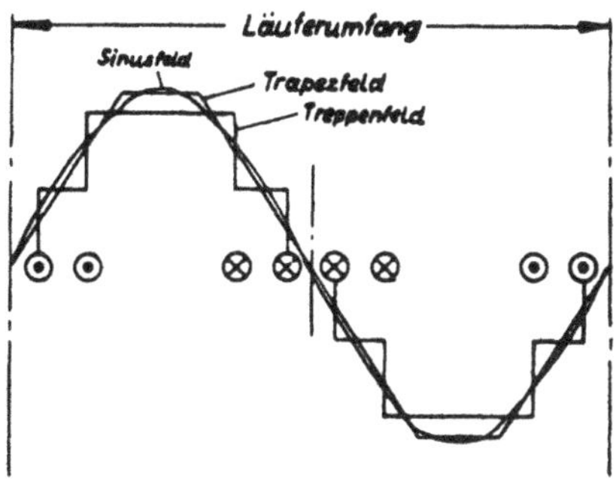

Abb. 115

treppenförmige Feldkurve (Abb. 115), die eine große Ähnlichkeit mit dem Trapez- oder Sinusfeld hat. Die Feldkurve hat dieselbe Form wie die Felderregerkurve oder die Ampere-Windungskurve, wenn der Maschinen-Luftspalt konstant ist. Die Feldkurve stuft sich von Nut zu Nut gleichmäßig ab, weil bei der Polradwicklung die Spulen vom gleichen Strom durchflossen werden. Hätte die Polradwicklung nur eine Spule, dann wäre die Feldkurve natürlich nicht treppen-, sondern rechteckförmig.

b) Wicklungsanordnung im Ständer

Die Feldkurve einer einnutigen Wechselstromwicklung ist bei konstantem Luftspalt auch rechteckförmig, gleichgültig, ob es sich um eine

Einphasenwicklung oder um eine Phase einer Mehrphasenwicklung handelt. Die Höhe des Rechteckes ist in diesen Fällen aber von der jeweiligen Größe des Wechselstromes abhängig, der sich periodisch vom positiven Höchstwert über Null zum negativen Höchstwert ändert, somit ist auch die Größe des Feldes diesen Schwankungen unterworfen. Wie schon besprochen, sind bei der Drehstromwicklung die Ströme in den drei Phasen wegen der zeitlichen und räumlichen Verschiebung ungleich, so daß die Treppung nicht mehr gleich sein kann, sondern den Strömen entsprechend unregelmäßig wird. Die Abb. 55 zeigt die Felderregerkurve für die im Abschnitt I j besprochenen Verhältnisse.

Je feiner man die Maschine nutet, um so schöner wird offensichtlich die Kurvenform sein. Die Abweichungen von der Sinusform ergeben die Oberfelder oder Oberwellen, die u. a. um so größer werden, je grobnutiger die Wicklung ist.

Die Oberwellen induzieren genau so wie das Hauptfeld in der Wicklung Spannungen, so daß die Spannungskurve auch Spannungsoberwellen enthält, die nach den Vorschriften einen bestimmten Wert nicht überschreiten dürfen. Die Oberwellen verderben nicht nur die Spannungskurve, sondern sie verursachen mitunter auch beträchtliche zusätzliche Wirbelstrom- oder Oberflächenverluste, weshalb beim Bau von elektrischen Maschinen Mittel angewendet werden, um die Oberwellen möglichst niedrig zu halten. Zu diesen Mitteln gehören u. a. die Mehrlochwicklung, die Bruchlochwicklung und die Sehnenwicklung.

c) Mehrlochwicklung

Ist eine Spule in zwei Nuten eingelegt, die genau um eine Polteilung voneinander entfernt sind, dann wird die in der Spule induzierte Spannung dieselbe Form haben wie die Feldkurve. Weicht die Feldkurve von der Sinusform ab, dann ist auch die Spannungskurve nicht sinusförmig, weil die Größe der induzierten Spannung von der Feld- oder Induktionsdichte abhängt.

Unterteilt man aber eine Gruppenspule in mehrere Nutspulen, dann kommt jede Gruppenspulenseite in mehrere nebeneinanderliegende Nuten zu liegen und es wird dadurch (Abb. 115) auch dann eine fast sinusförmige Spannung erzielt, wenn die Erreger- oder Feldkurve von der Sinusform abweicht. Es wird also die Spannungskurve eines Generators mit einer verteilten Wicklung auch dann angenähert sinusförmig sein, wenn das Polradfeld von der Sinusform abweicht. Die Aufteilung der Wicklung in mehrere Nuten beeinflußt aber auch die Größe der induzierten Spannung, weil mit größer werdendem q, wie wir bereits im Abschnitt IV feststellten, auch der Wicklungsfaktor des Hauptfeldes kleiner wird. Die Wicklungsfaktoren der Oberfelder nehmen aber mit zunehmendem q wegen der kleineren Polteilungen der Oberfelder bedeutend mehr ab. Zum Beispiel hat die 5. Oberwelle nur $^1/_5$ Länge von der Hauptwelle und es wird dadurch der Wicklungsfaktor für die 5. Oberwelle bei $q = 4$ um etwa 20% kleiner als bei $q = 2$. Beim Wicklungsfaktor des Hauptfeldes ist der Unterschied zwischen $q = 4$ und $q = 2$ (vgl. Abschnitt IV) vernachlässigbar klein. Demnach stellt eine große Nutenzahl q je Pol und Phase ein wirksames Mittel zur Unterdrückung der Oberwellen bzw. Verbesserung der Spannungskurve dar.

Es können sich also Maßnahmen, die die Wicklungsfaktoren der Grundwelle verschlechtern, zur Unterdrückung der Oberwellen bestens eignen. Eine solche Maßnahme ist also eine höhere Nutenzahl q je Pol und Phase. Bei hochpoligen Maschinen fällt q oft kleiner aus, als es mit Rücksicht auf die Spannungskurve zulässig ist. In diesen Fällen wendet man dann die Bruchlochwicklung an, die sich auch wie eine erhöhte Nutenzahl q je Pol und Phase auswirkt.

d) Bruchlochwicklung

Bei dieser Wicklung wird die Nutenzahl der Maschine so gewählt, daß die Nutenzahl q je Pol und Phase eine gebrochene Zahl ist. Dadurch kommen die zu einer Phase gehörigen Spulenseiten unter den Polen in eine ungleiche Lage, wodurch Phasenverschiebungen in den einzelnen Spulenseiten untereinander auftreten, die kleiner sind als zwischen zwei Nuten. Es ist so, als ob zwischen den Nuten noch andere dazwischen geschoben wären, was sich wie eine vergrößerte Nutenzahl je Pol und Phase q auswirkt. Es verschlechtert sich dadurch der Wicklungsfaktor in der Haupt- oder Grundwelle (meistens vernachlässigbar klein), der Wicklungsfaktor der Oberwellen wird aber wesentlich kleiner. Die aufgezeigte Phasenverschiebung in den einzelnen Spulen wird mitunter auch dadurch herbeigeführt, daß man Nuten (bei der Dreiphasenwicklung 3 Nuten) frei läßt, die symmetrisch am Ankerumfang aufgeteilt werden.

Mitunter werden Wicklungen mit einer ungeraden Nutenzahl je Pol und Phase, zum Beispiel $q = 5$, auch als Bruchlochwicklung bezeichnet, wenn die Wicklung nach links und rechts in je $2\frac{1}{2}$ Nuten aufgeteilt wird. Diese Ausführungsart unterscheidet sich elektrisch in keiner Weise von der Ganzlochwicklung, bzw. kann durch die Teilung einer Nut auf diese Art nie eine Bruchlochwicklung entstehen, weil q eine ganze Zahl ist.

e) Sehnenwicklung

Bei Wechselstrommaschinen versteht man unter der Sehnenwicklung eine Wicklung mit stark verkürztem Wicklungsschritt. Es wird mit der Sehnung nicht nur eine Verminderung der Oberwellen-Wicklungsfaktoren erzielt, sondern es lassen sich damit gewisse Oberwellen-Wicklungsfaktoren auch auf Null bringen.

Die gesehnte Wicklung wird, verschiedener Vorteile wegen, heute auch bei den kleinen Drehstrommotoren angewendet, weshalb bei derartigen Motoren fast nur mehr die gesehnte Zweischichtwicklung nach Abb. 76 angewendet wird (vgl. Abschnitt II c).

In diesem Zusammenhang ist noch zu sagen, daß die Nutenzahl q je Pol und Phase nicht nur die Spannungskurve und die Wicklungsfaktoren beeinflußt, sondern auch die elektrischen Eigenschaften der Maschine. Zum Beispiel ist bei den Asynchronmotoren die Ständer- und Läuferwicklung in Nuten eingelegt. Dadurch tritt u. a. eine Streuung auf, deren Größe von der Nutenzahl q je Pol und Phase abhängig ist, und die um so größer wird, je kleiner die Nutenzahl q ist.

Da bei den Asynchronmotoren die Streuung die elektrischen Eigenschaften wie:

Überlastbarkeit, Anzugsmoment und Anlaufstrom

entscheidend beeinflußt, kommt q auch in dieser Hinsicht eine größere Bedeutung zu, worauf mitunter bei Umwicklungen auf andere Polzahlen zu achten ist. Denn bekanntlich ist

$$q = \frac{N}{2p \cdot m},$$

so daß bei einer Umwicklung auf die doppelte Polzahl besonders bei Maschinen mit kleiner Nutenzahl die elektrischen Eigenschaften schwerwiegend beeinflußt werden können, weil q sich auf die Hälfte vermindert.

VI. Gleichstrom-Ankerwicklungen

Die Gleichstromwicklungen werden ebenso wie die Wechselstromwicklungen sehr vielseitig ausgeführt. Im Rahmen dieser Arbeit können daher nur die gebräuchlichsten Ausführungen behandelt werden.

a) Allgemeines

Die Spulen von Gleichstromankern bestehen bei den kleinen Maschinen aus Runddrähten und bei den größeren Maschinen aus Flachstäben. Weiter werden fast immer Formspulen hergestellt und als Zweischichtwicklung in den Anker eingelegt. Die Großmaschinen werden meistens als Zweischicht-Stabanker ausgeführt. Beide Ausführungen sind von den Wechselstromwicklungen her bekannt und es wurde auch eine Wechselstromwicklung als aufgeschnittene Gleichstromwicklung dargestellt. Tatsächlich ist es so, daß die Gleichstromwicklungen in sich geschlossen sind (Sonderwicklungen ausgenommen), und sie unterscheiden sich von den Wechselstromwicklungen im wesentlichen nur durch die Schaltung.

Um eine in sich geschlossene Wicklung zu erhalten, muß das Ende einer Spule mit dem Anfang einer anderen Spule verbunden werden. Erfolgt diese Verbindung bei einer Lamelle oder bei einem Stromwendersteg K (meistens der Fall), dann sind ebenso viele Stromwenderstege erforderlich als Spulen. Befindet sich je Nut und Schicht nur eine Spulenseite, dann ist $N = K$, wenn man mit N wieder die Nutenzahl bezeichnet. Meistens befinden sich aber mehrere Spulenseiten je Schicht nebeneinander. Bezeichnet man die Anzahl der nebeneinanderliegenden Spulenseiten je Schicht mit u, dann sind $K = u \cdot N$ Stromwenderstege erforderlich. Somit

$$u = \frac{\text{Stegzahl}}{\text{Nutenzahl}} = \frac{K}{N} = \text{ganze Zahl}.$$

Es wird $u = 5$ selten überschreiten. Man kann die u-Spulen auch als eine Gruppenspule bezeichnen.

Die Spulen werden so eingelegt, daß entweder eine Durchmesser- oder eine Sehnenwicklung entsteht. Meistens wird die Nutenzahl so gewählt, daß sich eine schwach gesehnte Wicklung, vorteilhaft für die Stromwendung oder Kommutierung, ergibt. Bei der Durchmesserwicklung ist der Nutenschritt

$$y_N = \frac{\text{Nutenzahl}}{\text{Polzahl}} = \frac{N}{2p} = \text{ganze Zahl},$$

und bei der Sehnenwicklung ist der Nutenschritt eine gebrochene Zahl. Die Sehnung wird meistens kleiner als eine Nutteilung gewählt. Zum Beispiel ist bei $N = 75$ und $p = 3$

$$\frac{N}{2p} = \frac{75}{6} = 12{,}5.$$

Mit $y_N = 12$ ist die Wicklung also um eine halbe Nut gesehnt.

Allgemein wird die Wicklung mit verkürztem Nutenschritt ausgeführt und es kommt in diesem Falle daher eine Spulenseite in Nut 1 und die andere in Nut 13 zu liegen. Bei der Formspulenwicklung liegt dann eine Spulenseite in der Ober- und die andere in der Unterschicht wie bei der Wechselstrom-Zweischichtwicklung.

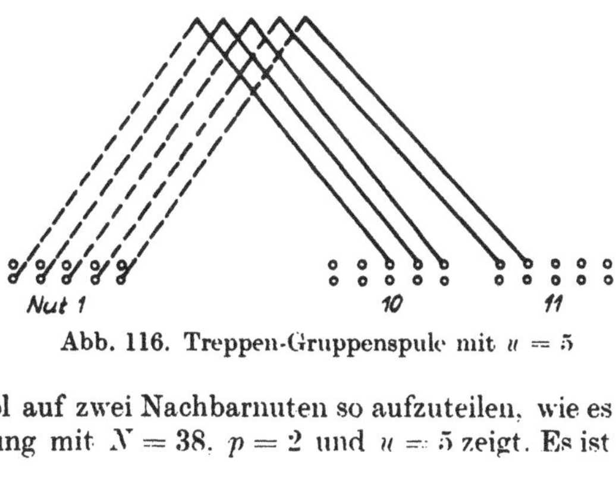

Abb. 116. Treppen-Gruppenspule mit $u = 5$

Wenn die Anzahl der nebeneinanderliegenden Spulenseiten je Nut u größer als 1 ist, dann ist es in Fällen, wo eine kritische Kommutierung zu erwarten ist, zweckmäßig, die u-Spulenseiten unter einem Pol auf zwei Nachbarnuten so aufzuteilen, wie es die Abb. 116 für eine Wicklung mit $N = 38$, $p = 2$ und $u = 5$ zeigt. Es ist

$$N/2p = 38/4 = 9{,}5\,,$$

und es kommen 3 Spulenseiten in Nut 10 ($y_N = 9$) und 2 Spulenseiten in Nut 11 ($y_N = 10$) zu liegen. Derartige Wicklungen bezeichnet man als Treppenwicklungen. Die Gleichstromwicklung kann ebenso wie die Wechselstromwicklung als Schleifen- oder Wellenwicklung ausgeführt werden, je nachdem, wie man die einzelnen Spulen miteinander verbindet. Die Abb. 117 zeigt, daß die anschließende Spule im gleichen Polpaar liegt (es entsteht eine Schleife), und die Abb. 118 zeigt, daß die anschließende Spule im folgenden Polpaar liegt (es entsteht eine Welle). Man bezeichnet daher diese Wicklungen je nach der Ausführungsart als Schleifenwicklung oder als Wellenwicklung. Welche der beiden Wicklungen in dem einen oder anderen Falle anzuwenden ist, hängt von den gestellten Anforderungen ab. Bei der einfachen Schleifenwicklung ist die Anzahl der parallelen Stromzweige $2a = 2p$, und bei der einfachen Wellenwicklung ist $2a$ immer 2, d. h. die Schleifenwicklung ist für große Stromstärken und niedrige Spannungen geeignet, und die Wellenwicklung für kleine Strom-

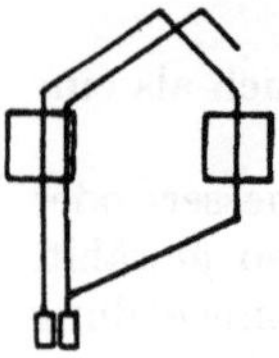

Abb. 117a

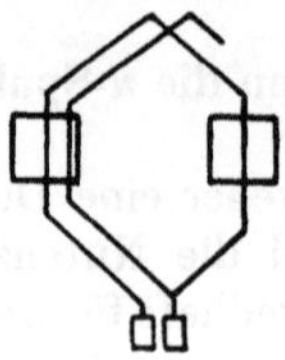

Abb. 117b

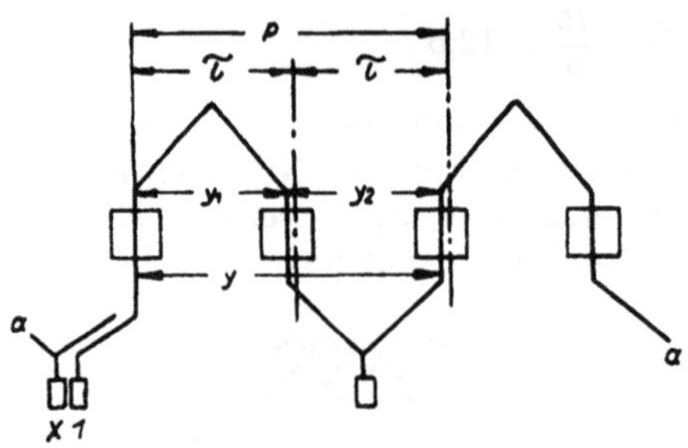

Abb. 118a

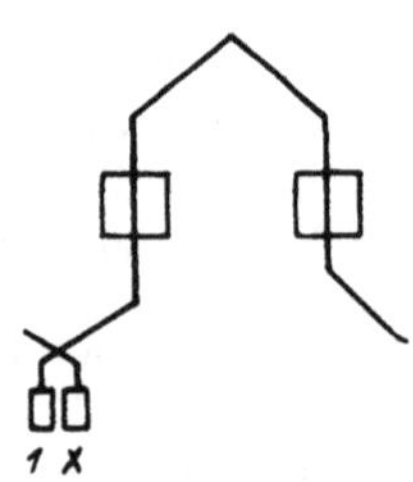

Abb. 118b

stärken und hohe Spannungen. Die Schleifen- und Wellenwicklung kann je nach dem Wickelsinn ungekreuzt (Abb. 118a) oder gekreuzt nach Abb. 118b ausgeführt werden. Elektrisch sind sich die gekreuzte und ungekreuzte Ausführung gleichwertig. Normalerweise wird die ungekreuzte Wicklung bevorzugt, weil sie mit einem kleineren Kupferaufwand herstellbar ist. Wellenwicklungen sind (vgl. Abschnitt VI) mitunter aber nur gekreuzt ausführbar.

b) Schleifenwicklungen

Eine Schleifenwicklung entsteht, wenn man den Anfang und das Ende einer Spule zu benachbarten Stromwenderstegen führt (Abb. 117), und es ist daher bei der Schleifenwicklung der Stromwender- oder Kollektor- oder

$$\text{Stegschritt } y_s = 1.$$

Es kommt also ein Spulenende in den Steg 1 und das andere in den Steg 2.

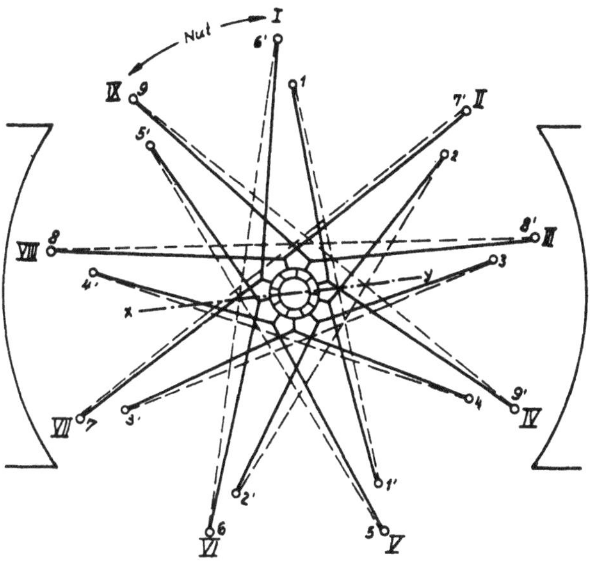

Abb. 119

Die Anker von 2poligen Kleinstmotoren für Gleich- und Wechselstrom, z. B. Staubsaugermotoren, haben auch eine Schleifenwicklung, und es zeigt die Abb. 119 eine Wicklung mit $N = 9$ und $K = 9$, also $u = 1$. Es ist $\frac{N}{2p} = \frac{9}{2} = 4^1/_2$. Mit $y_N = 4$ kommt eine Spulenseite in Nut 1, die andere in Nut 5 zu liegen.

Die Spulen werden in einem Zuge eingewickelt. Zuerst wird die Spule 1—1′, bestehend aus vielen Windungen, gewickelt, dann folgt Spule 2—2′, usf. Bei dieser Ausführung liegen die einzelnen Spulen zuerst in der Unterschicht, dann in der Ober- und Unterschicht und zum Schluß in der Oberschicht. Wegen dieser Unregelmäßigkeit sind die Anker schwer ohne größere Unwucht herstellbar. Ist u größer als 1, hätte also der Stromwender z. B.

18 Stege ($u = 2$), dann ist jede Spule, also 1—1′, 2—2′, 3—3′, usf. immer $q$mal, in diesem Falle zweimal, zu wickeln. Bei dieser Wicklungsausführung müssen sich die beiden Stromabnahmebürsten etwa in der Polachse befinden (x—y), weil die Wicklung nach Abb. 117b ausgeführt ist. Bei einer Ausführung nach Abb. 117a müßten die Bürsten um 90° versetzt sein. Die Abb. 120 zeigt eine Wicklung mit einer geraden Nutenzahl, und zwar mit $N = 8$; $K = 8$ und $u = 1$. $y_N = {}^8/_2 = 4$. In diesem Falle ist der

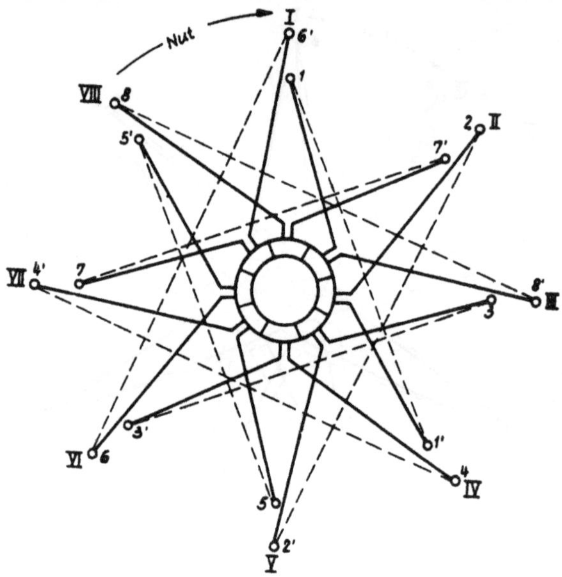

Abb. 120

Nutenschritt um eine ganze Nut verkürzt, also $y_N = 3$, somit 1 in 4. Diese Wicklung läßt sich gleichmäßiger herstellen und es erfolgt das Einlegen der Spulen in der Unterschicht in der Reihenfolge 1—1′, 5—5′, 3—3′, 7—7′ und in der Oberschicht in der Reihenfolge 4—4′, 8—8′, 6—6′, 2—2′, d. h. es ist beim Wickeln der Anker so zu verdrehen, daß die Ziffern ohne Apostroph in dieselbe Lage kommen. Die Abb. 121 zeigt den in die Ebene aufgerollten Anker mit der Schaltung. Die in der Unterschicht liegenden Spulen sind gestrichelt und die in der oberen Schicht liegenden voll dargestellt. Man kann diese Wicklung auch als Durchmesserwicklung mit dem Nutenschritt $y_N = 4$, also 1 in 5, ausführen. Bei der Reparatur von derartigen Motoren ist daher zu empfehlen, die Originaldaten genau aufzunehmen, weil sich z. B. ein falscher Nutenschritt bei diesen Maschinen schon sehr nachteilig auswirken kann.

Die Schleifenwicklung hat ebenso viele parallele Stromkreise als Pole. Man bezeichnet daher diese Wicklung auch als „Parallelwicklung“ und es ist

$$2a = 2p,$$

wenn man mit $2a$ die Anzahl der parallelen Ankerstromzweige bezeichnet und p die Polpaarzahl ist. Es sind ebenso viele Bürstenbolzen als Pole erforderlich, wobei alle gleichpoligen Bürstenbolzen mittels Kurzschlußringen miteinander leitend verbunden sind. Da die magnetischen Polflüsse meistens etwas ungleich sind (Luftspaltdifferenzen), sind auch die induzierten Spannungen je Stromzweig ungleich und es entstehen dadurch Ausgleichsströme, die sich über die Kurzschlußringe der gleichpoligen Bürsten schließen. Die Bürsten werden dadurch ungleich belastet und es entsteht ohne Ausgleichsverbinder meistens ein Bürstenfeuer, d. h. die Maschine kommutiert schlecht. Es werden daher bei Maschinen mit mehreren parallelen Ankerzweigen immer Ausgleichsleitungen angeordnet. Diese Leiter verbinden solche Punkte der Wicklung miteinander, die ein gleiches Potential haben, das sind bei symmetrischen Verhältnissen spannungslose Punkte, die um den sogenannten Potentialschritt oder Ausgleichsverbinderschritt

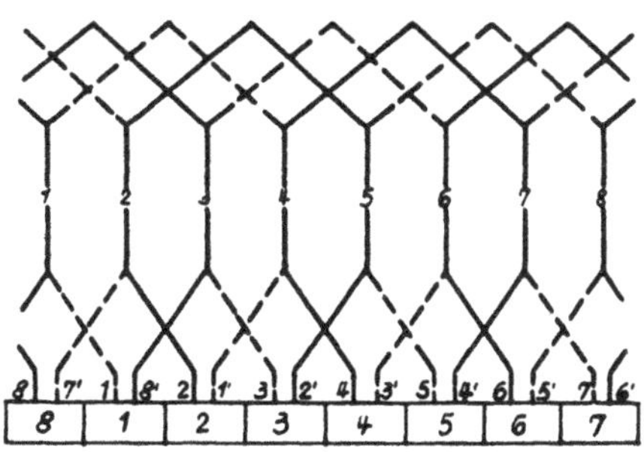

Abb. 121

$$y_v = \frac{K}{p} = \frac{K}{a}$$

voneinander entfernt sind. Oder mit anderen Worten, da K ebenso groß ist wie die Spulenzahl, sind immer Spulen mit gleichem Potential miteinander zu verbinden, d. h. die Spulenzahl muß in diesem Falle durch die Polpaarzahl p teilbar sein. Da anderseits die Spulenzahl entweder gleich oder ein Mehrfaches der Nutenzahl N ist, muß daher die Bedingung erfüllt sein, daß

$$\frac{N}{p} = \text{ganze Zahl} \quad \text{oder} \quad \frac{N}{p} = \text{ganze, ungerade Zahl}$$

wird, um eine schwach gesehnte Wicklung mit ihren Vorzügen (kleinere Reaktanzspannung) zu erhalten.

In Fällen, wo eine schwierige Kommutierung zu erwarten ist, wird pro Nut eine Ausgleichsverbindung vorgesehen. Meistens genügt es aber, wenn man in jeder zweiten, dritten oder vierten Nut einen Verbinder anordnet, und es zeigt die Abb. 122 eine einfache (eingängige) 4polige Schleifenwicklung mit $N = 12$, $K = 24$ und $u = K/N = 2$. Der Nutenschritt $y_N = N/2p = 3$, also 1 in 4; somit handelt es sich um eine Durchmesserwicklung. Der Potentialschritt $y_v = K/p = 12$. Ordnet man in jeder zweiten Nut eine Ausgleichsverbindung an, dann sind folgende Spulen miteinander zu verbinden:

Spule 1 mit 13 ($1 + 12 = 13$), Spule 5 mit 17 ($5 + 12 = 17$) und 9 mit 21, weil $u = 2$ ist, also zwei Spulenseiten je Nut und Schicht nebeneinander-

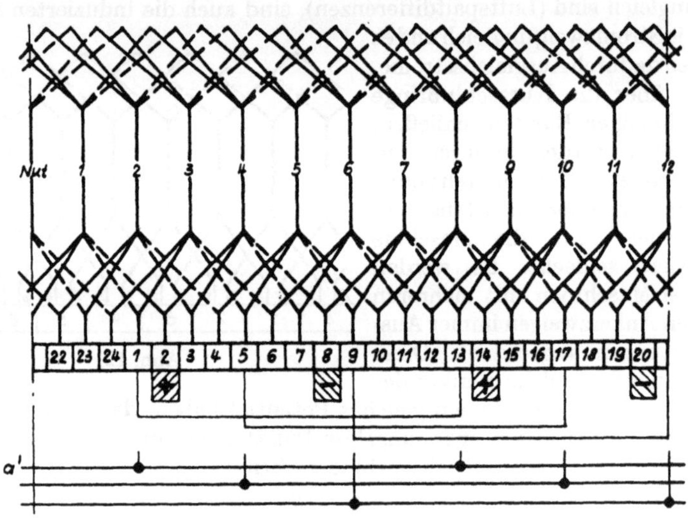

Abb. 122. Schleifenwicklung mit Ausgleichverbinder

liegen. Die Ausgleichsverbinder können auf der Gegenseite vom Kollektor angeordnet werden; es ist aber auch der Anschluß am Kollektor selbst sehr gebräuchlich (Abb. 122). Mitunter werden statt der Bügel auch Ringe (unterhalb skizziert) verwendet. Für die Aufzeichnung der Schleifenwicklung benötigt man nur den Nutenschritt. Hat man mit Hilfe des Nutenschrittes die erste Spule gezeichnet, dann ist durch gleichmäßige Anreihung der übrigen Spulenseiten die Wicklung dargestellt. Zeichnet man die in der Unterschicht liegenden Spulenseiten „gestrichelt" und die in der Oberschicht liegenden „voll", dann erhält man die einfache und stark verbreitete Wicklungsdarstellung der Abb. 122, d. h. es werden die u-Spulenseiten und die beiden Schichten in der Nut übereinander dargestellt.

Wegen der Einfachheit wird von weiteren Wicklungsdarstellungen Abstand genommen.

Der Querschnitt von den Ausgleichsleitern kann $^1/_3$ oder $^1/_4$ vom Stabquerschnitt betragen. Wegen der mehrfachen Anzahl von parallelen Zweigen ist die Schleifenwicklung, wie bereits erwähnt, die gegebene Wicklung für größere Stromstärken. Zum Beispiel wird für eine 4polige moderne 20-kW-Maschine für 220 V nur ein Drahtdurchmesser von etwa 2,3 ∅ benötigt. Denn der Motorstrom

$$J = \frac{\text{Watt}}{\text{Volt}} = \frac{20000}{220} \cong 91 \text{ A}.$$

Bei Verwendung einer Schleifenwicklung ($2a = 2p$) wird der Stabstrom

$$J_{\text{Stab}} = \frac{J}{2a} = \frac{91}{4} \cong 22{,}8 \text{ A}$$

und mit einer durchschnittlichen Stromdichte von 5,5 A/mm² ist der Stabquerschnitt

$$q = \frac{22{,}8}{5{,}5} \cong 4{,}14 \text{mm}^2 \cong 2{,}3\,\varnothing.$$

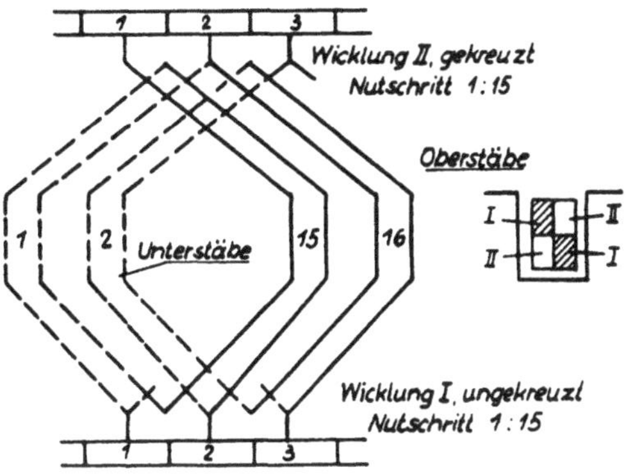

Abb. 123

Demnach kann eine 4polige Flachstabwicklung mit einem Stabquerschnitt von $q = 10 \cdot 4 = 40$ mm² bereits mit etwa 900 A belastet werden und man findet derartige Stromstärken bei Galvanisierungs- oder Schweißmaschinen, also bei Maschinen mit niedrigen Spannungen. Da Niedervoltmaschinen mit so großen Stromstärken verhältnismäßig klein sind, bereitet der Bau des Kollektors schon Schwierigkeiten, so daß man oft zur Anwendung von Doppelkollektoren gezwungen wird. Die Abb. 123 zeigt die Ausführung einer Doppelkollektor-Maschine. In diesem Falle schreitet die Wicklung beim Kollektor I nach rechts weiter (von der Kollektorseite I gesehen) und beim rückwertigen Kollektor nach links (von der Kollektorseite II gesehen), weshalb die Wicklung auf einer Seite gekreuzt ausgeführt ist.

Wählt man bei der Schleifenwicklung den Stegschritt $y_s = 2$ statt $y_s = 1$ (Abb. 124), dann wird die Spule nicht bei den benachbarten Stegen angeschlossen, sondern es bleibt inzwischen ein Steg frei. Auf diese Weise erhält man die doppelte Anzahl von parallelen Ankerstromzweigen bzw.

eine zweigängige Wicklung und es ist

$$2a \doteq 2 \cdot m \cdot p\,,$$

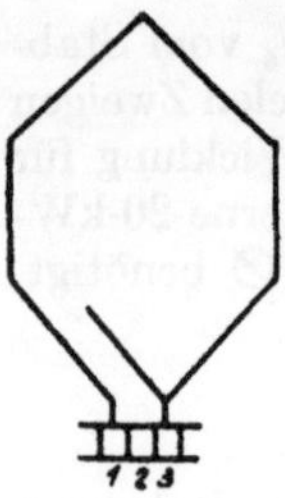

Abb. 124

wenn man mit m die Gangzahl bezeichnet. Bei Maschinen mit sehr hohen Stromstärken wird diese Wicklung mitunter angewendet. Sie ist nach Möglichkeit zu vermeiden, weil die beiden parallelen Umläufe auch ungleich induziert werden, sodaß Kommutierungsschwierigkeiten entstehen können. Es ist zweckmäßiger, eine höhere Polzahl (gibt größere Anzahl der parallelen Zweige) zu nehmen und dafür eine einfache Schleifenwicklung. Die Parallelschaltung der beiden Wicklungshälften erfolgt durch die Bürsten, weshalb die Bürstenbreite so zu wählen ist, daß mindestens 2 Stege bedeckt werden.

c) Wellenwicklungen

Eine einfache (eingängige) Wellenwicklung entsteht, wenn man solche Spulen in Reihe schaltet, die um etwa zwei Polteilungen τ oder um eine Polpaarteilung p voneinander entfernt sind (Abb. 118) und wenn man den Anfang und das Ende dieser in Reihe geschalteten Spulen zu benachbarten Stromwenderstegen führt. Auch bei der Wellenwicklung wird die ungekreuzte Ausführung nach Abb. 118a angestrebt; es kommt aber auch die gekreuzte Ausführung nach Abb. 118b vor, weil dadurch die Anwendbarkeit der Wellenwicklung erweitert wird. Bei der ungekreuzten Wicklung bleibt man also vom Ausgangssteg 1 um einen Steg zurück und bei der gekreuzten Wicklung schreitet man um einen Steg vor. Daraus ergibt sich die Beziehung (Abb. 118)

$$p \cdot y = K \pm 1\,.$$

In Abb. 118 ist mit y_1 der erste Teilschritt, der die Spulenweite bestimmt, bezeichnet, mit y_2 der Schaltschritt, der das Ende einer Spule mit dem Anfang der in Reihe geschalteten Spule verbindet, und mit $y = y_1 + y_2$ der resultierende Wicklungsschritt. Wir bezeichnen den resultierenden Wicklungsschritt als Stegschritt y_s, weil die Praktiker mit dem Lamellen- oder Stegschritt arbeiten. Es gibt y_s an, um wieviele Stege (Lamellen) das Spulenende vom Spulenanfang am Stromwender (Kollektor) entfernt sein muß. Aus diesem Grunde wurde bei der Schleifenwicklung auch $y_s = 1$ geschrieben, da $y = y_1 - y_2 = 1$ ist. Bei der Schleifenwicklung ist statt $+$ natürlich $-$ zu setzen. Somit ist bei der Wellenwicklung

$$y_s = \frac{K \pm 1}{p} = \text{ganze Zahl}\,.$$

Es gilt $-$ für die ungekreuzte Wicklung und $+$ für die gekreuzte Wicklung. Daraus folgt, daß die Wellen- oder Reihenwicklung nur für eine ganz bestimmte Anzahl von Stromwenderstegen ausführbar ist. Aus diesem Grunde werden Wellenwicklungen mitunter auch gekreuzt ausgeführt, weil sie sonst nicht anwendbar wäre. Bei dieser Wellenwicklung gibt es, unabhängig von der Polzahl, nur zwei parallele Stromzweige, weshalb man diese Wicklung auch als Reihenwicklung bezeichnet. Es sind auch, unabhängig von der Polzahl, nur zwei Bürstenbolzen zur Stromabnahme erforderlich, was bei unzugänglichen Maschinen (Bahnmotoren) auch ausgenutzt wird. Bei den übrigen Maschinen sind fast immer ebenso viele Bürstenbolzen als Pole vorhanden. Die gleichpoligen Bolzen sind miteinander verbunden.

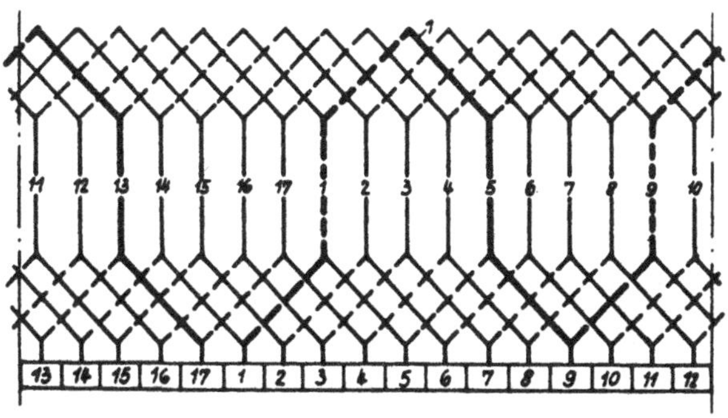

Abb. 125. Eingängige Wellenwicklung mit $u = 1$

Die Abb. 125 zeigt eine 4polige Wellenwicklung mit $N = 17$, $K = 17$, daher $u = 1$.

$$y_s = \frac{17-1}{2} = 8, \text{ also 1 in } 9; \frac{N}{2p} = \frac{17}{4} = 4\tfrac{1}{4}; \; y_N = 4, \text{ also 1 in } 5$$

Zur Darstellung der Wicklung benötigt man nur den Nuten- und Stegschritt. Hat man mit Hilfe dieser Schritte die erste Spule 1 eingezeichnet (Abb. 125), dann erhält man durch zwangsläufige Anreihung der einzelnen Spulenseiten die vollständige Wicklung. Aus diesem Grunde ist es in der Praxis nicht üblich, Wickelschemas zu zeichnen, weil für den Wickler mit der Angabe von y_N und y_s die Ausführung der Wicklung eindeutig gegeben ist.

Es kommen auch Wellenwicklungen vor, bei welchen die aufgestellten Bedingungen nicht erfüllt werden. In solchen Fällen liegt dann entweder eine blinde Spule im Anker oder, die Wicklung wird mit Hilfe eines Leiters (Bügels) künstlich geschlossen.

Dazu einige Beispiele mit Ankern derselben Nutenzahl und verschiedenen Stegzahlen.

1. Beispiel: (Wellenwicklung mit $N = 20$, $K = 39$, $p = 2$):

Somit $y_s = \frac{K-1}{p} = \frac{39-1}{2} = 19$, also 1 in 20 und

$y_N = N/2p = {}^{20}/_4 = 5$, also 1 in 6.

Bezeichnet man die nebeneinanderliegenden Spulen je Nut und Schicht mit Gruppenspule, dann besteht in diesem Falle die Wicklung aus 20 Gruppenspulen mit je 2 Teilspulen ($u = 2$) oder aus 40 Teilspulen. Da nur

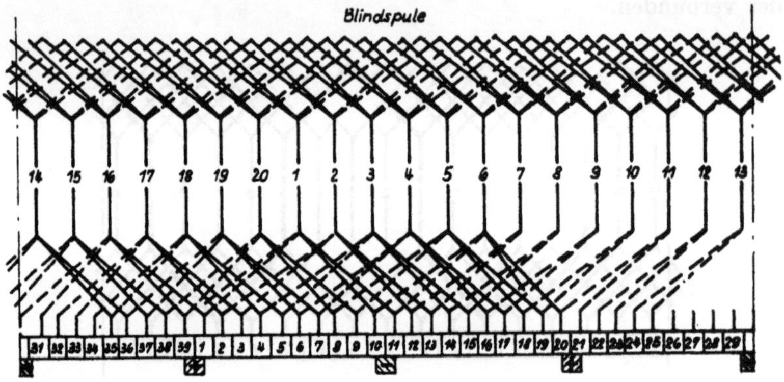

Abb. 126. Eingängige Wellenwicklung mit $u = 2$ und Blindspule

39 Stege vorhanden sind, ist eine Teilspule zuviel vorhanden. Diese Spule wird ganz einfach tot liegen gelassen, weshalb man sie als Blindspule bezeichnet (Abb. 126). Zur Aufzeichnung der Wicklung benötigt man wieder nur den Nuten- und Stegschritt. Hat man in die Nut 1 und 6 die u-Spulen (2 Spulen) eingelegt, dann wird eine davon tot gelegt (Enden isoliert) und die übrigen Spulenseiten werden in der bereits bekannten Art angereiht, d. h. diese Wicklung ist schaltungsmäßig genau so herzustellen wie die normale Wellenwicklung. Spannungsmäßig besteht natürlich eine Unsymmetrie durch die Blindspule, sie wirkt sich aber bei kleineren Maschinen infolge der hohen Windungszahl praktisch nicht nachteilig aus. Bei größeren Maschinen meidet man Blindspulen.

2. Beispiel (Wellenwicklung mit $N = 20$, $K = 41$ und $p = 2$):

In diesem Falle wird auch die Bedingung für den Kollektorschritt $y_s = \frac{41-1}{2} = 20$ erfüllt, es fehlt aber eine Spule, die durch eine Verbindung zu ersetzen ist (Abb. 127).

Vorgang bei der Zeichnung des Schemas:

1. Mit dem Nutenschritt $y_N = {}^{20}/_4 = 5$, also 1 in 6, und mit dem Kollektorschritt $y_s = 20$, also 1 in 21, ist die Spule 1 festgelegt.
2. Das Ende der folgenden Spule (41) kommt in den Steg 20 zu liegen. Dieser Steg wird nicht mit einer weiteren Spulenseite verbunden, sondern mit dem Verbinder, d. h. es fehlt der Anschluß einer unterschichtigen Spulenseite. Es werden nun alle unterschichtigen Spulenseiten, 2 je Nut, (gestrichelt) links und rechts, oben und unten an die Spule 1 angereiht, ausgenommen die zu Steg 20 gehörige Spulenseite.

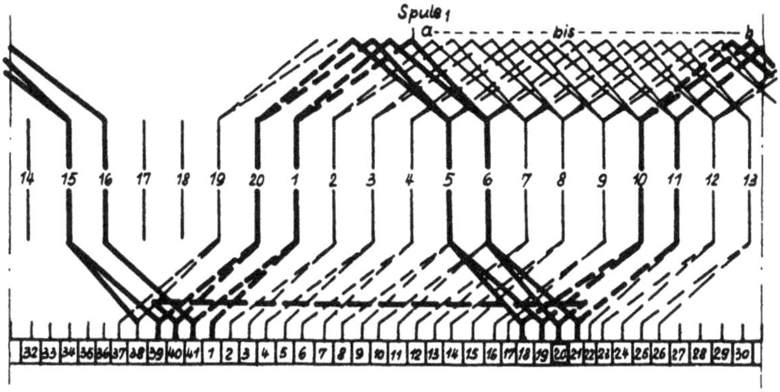

Abb. 127
Eingängige Wellenwicklung mit $u = 2$ mit ungerader Stegzahl, künstlich geschlossen

3. Die erste Welle muß nun den Anschluß herstellen, also Wicklungsschritt 1 — 21 — 41, der durch Anreihung der oberschichtigen Spulenseiten an die Spule 1, also von a bis b, zwangsläufig gegeben ist. Die zweite Welle besteht nur aus einer Spule und es wird die zweite fehlende Spule durch den Verbinder, der zur anschließenden Spule 40 führt, ersetzt. Damit ist die Wicklung eindeutig festgelegt, und es erübrigt sich die ganze Wicklung zu zeichnen.

3. **Beispiel** (Wellenwicklung mit $N = 20$, $K = 40$ und $p = 2$):

Mit $K = 40$ wird die Bedingung für y_s nicht erfüllt. Man denkt sich in diesem Falle eine Spule dazu (+ 1) und durch einen Verbinder ersetzt. Somit bei einer ungekreuzten Wicklung $y_s = \frac{K - 1 + 1}{p} = \frac{K}{p} = 20$, also 1 in 21. Man kann sich auch eine Spule wegdenken, dann wird $y_s = \frac{K - 1 - 1}{p} = \frac{38}{2} = 19$, also 1 in 20, und dafür ist das Wickelschema (Abb. 128) gezeichnet. Diese Wicklung unterscheidet sich von der in Abb. 127 dargestellten nur dadurch, daß das Ende vom 2. Umlauf (Welle) statt an einer Lamelle direkt beim Verbinder angeschlossen wird. Bei der Zeichnung des Schemas ist der Vorgang des Beispieles 2 zu wählen.

Auch bei den künstlich geschlossenen Wicklungen besteht eine Unsymmetrie, weil durch die Bürsten eine ungleiche Anzahl von Spulen kurzgeschlossen wird.

Bei Maschinen mit größeren Stromstärken wird häufig die mehrgängige Wellenwicklung an Stelle der Schleifenwicklung angewandt, weil sie sich für vielfache Parallelschaltungen auch gut eignet. Sie ist dadurch gekenn-

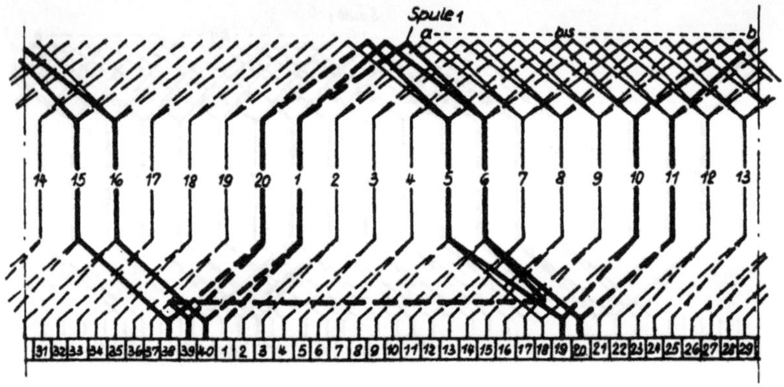

Abb. 128
Eingängige Wellenwicklung mit $u = 2$ mit gerader Stegzahl, künstlich geschlossen

zeichnet, daß die Welle nach einem Umlauf nicht beim Nachbarsteg endet, sondern beim zweiten, dritten usf. Mehr als 4gängige Wellenwicklungen kommen selten vor. Liegt z. B. nur ein Steg dazwischen frei (Abb. 129), dann handelt es sich um eine zweigängige Wicklung und es ist

$$y_s = \frac{K \pm m}{p} = \frac{40 - 2}{2} = 19,$$

also 1 in 20, wenn man mit m die Gangzahl bezeichnet. Es ist $2m$ auch gleichzeitig die Anzahl der parallelen Ankerstromzweige, weshalb in der Literatur auch $m = a$ gesetzt wird, und es ist

$$2a = 2m.$$

Auch bei dieser Reihen-Parallelwicklung werden die einzelnen Umläufe (Wellen) durch die Bürsten parallel geschaltet und es ist die Bürstenbreite entsprechend zu wählen. Da sich der Strom infolge verschiedener Bürstenübergangswiderstände nicht gleichmäßig auf die Ankerzweige verteilt, sind auch bei dieser Wicklung Ausgleichsleitungen notwendig und es ist der

$$\text{Potentialschritt } y_v = \frac{K}{m} = \frac{K}{a}.$$

Es ist dies dieselbe Formel wie bei der Schleifenwicklung und es gilt bezüglich der Ausführung der Ausgleichsverbinder auch das unter Schleifwicklungen Gesagte.

Bei der Aufzeichnung des Wicklungsschemas geht man in der bekannten Art vor. Man zeichnet mit Hilfe des Nuten- und Stegschrittes eine Spule ein und reiht die übrigen Spulenseiten an. Es sind der besseren Übersicht wegen in der Abb. 129 daher wieder nur einige Umläufe dargestellt.

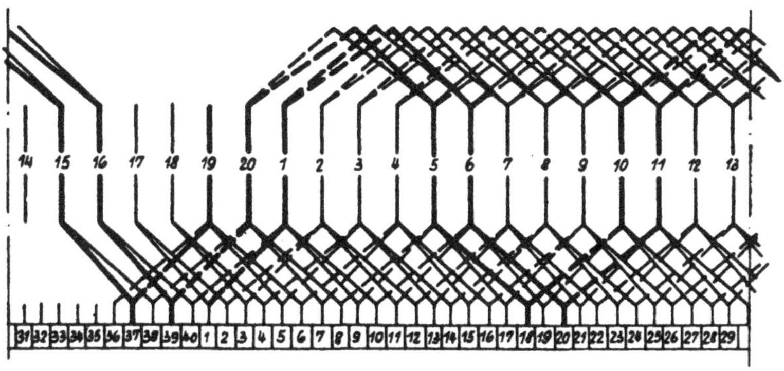

Abb. 129. Vierpolige, zweigängige Wellenwicklung mit $N = 20$, $K = 40$, $u = 2$

d) Wahl der Ankerwicklung

Die in den einzelnen Ankerzweigen induzierten Spannungen sind bei der Wellenwicklung praktisch gleich groß. Bei der Schleifenwicklung trifft dies wegen Luftspaltungenauigkeiten weniger genau zu, weshalb bei mehrgängigen Wicklungen häufig der Wellenwicklung der Vorzug gegeben wird. Bei normalen eingängigen Wicklungen ist die Schleifenwicklung der Wellenwicklung elektrisch gleichwertig und es ist für die Art der Wicklung u. a. die Spannung, Stromstärke und Drehzahl bestimmend.

Die Schleifenwicklung ist für jede beliebige Nutenzahl und Stegzahl ausführbar. Bei der Wellenwicklung ist dies wegen der Bedingung, daß der Wicklungsschritt

$$y_s = \frac{K \pm a}{p} = \text{ganze Zahl}$$

ist, wie bereits besprochen, nicht mehr der Fall. Demnach muß z. B. die Nutenzahl bei der eingängigen Wellenwicklung so gewählt werden, daß sie nicht durch p teilbar ist, und es sind einige mögliche Werte für die u-nebeneinanderliegenden Spulenseiten nachstehend für die wichtigsten Pohlzahlen angegeben.

4polig $u = 1$ oder 3 oder 5
6polig $u = 1$ oder 2 oder 4 oder 5
8polig $u = 1$ oder 3 oder 5.

Allgemein wird man die eingängige Wellenwicklung bevorzugen, weil sie ohne Ausgleichsverbinder herstellbar ist.

Außerdem ist noch zu berücksichtigen, daß die Wicklungsanordnung u. a. die Kommutierung beeinflußt, und aus diesem Grunde werden die Wicklungen gesehnt oder getreppt ausgeführt. Die Ermittlung der zweckmäßigsten Sehnung oder Treppung fällt in das Fachgebiet „Maschinenberechnung", weshalb in dieser Arbeit darauf nicht näher eingegangen werden kann und verweisen diesbezüglich auf [2].

e) Umschaltung von Gleichstromwicklungen

Es kommt in der Praxis sehr häufig vor, daß eine Maschine auf eine andere Spannung oder auf eine andere Drehzahl umgebaut werden soll. In solchen Fällen ist natürlich immer zu überlegen, ob dies nicht durch eine einfache Umschaltung erreicht werden kann. Dazu einige Beispiele mit bereits besprochenen Wicklungen.

Die eingängige Wellenwicklung der Abb. 128 und die zweigängige Wellenwicklung der Abb. 129 haben $N = 20$, $K = 40$ und $u = 2$. Ebenso ist es ohne weiteres möglich, eine Schleifenwicklung mit $N = 20$, $K = 40$ und $u = 2$ zu entwerfen, d. h. man kann mit derselben Stanzung und demselben Kupferstab verschiedenartige Wicklungen herstellen. Sie unterscheiden sich untereinander nur durch die Schaltung, wenn man von den elektrischen Verschiedenheiten absieht. Bei der praktischen Umschaltung ist natürlich zu berücksichtigen, daß die Wicklungsenden mitunter auch verlängert werden müssen, so daß aus diesem Grunde die Wirtschaftlichkeit in Frage gestellt werden kann. Bei Runddrahtwicklungen lassen sich Verlängerungen meistens noch billig durchführen, bei Stabankern ist dies aber häufig nicht mehr der Fall.

Nachstehend werden noch die Auswirkungen der Umschaltungen an einigen Beispielen erörtert:

1. Beispiel:

Eine Maschine mit der eingängigen Wellenwicklung nach Abb. 128 ist für folgende Verhältnisse ausgelegt:

Leistung 10 kW; Spannung $U = 440$ V, Drehzahl $n = 1500$ UpM.

Die Maschine ist für dieselben Verhältnisse, jedoch $U = 220$ V zu schalten. Weil die Spannung der Leiterzahl proportional ist, sind zwei Möglichkeiten gegeben:

1. Die eingängige Wellenwicklung als eingängige Schleifenwicklung zu schalten. Dadurch wird aus

$$2a = 2, \text{ daher } 2a = 2p = 4,$$

d. h. die wirksame Stabzahl (in Reihe liegende Stabzahl) wird durch diese Schaltung auf die Hälfte vermindert, somit ist der Anker nur mehr für die halbe Spannung, also für 220 V, geeignet.

2. Die eingängige Wellenwicklung als zweigängige Wellenwicklung zu schalten. Diese Umschaltung ist, da

$$y_s = \frac{K+m}{p} = \frac{38}{2} = 19, \text{ also 1 in 20, und } y_v = \frac{K}{m} = \frac{40}{2} = 20$$

eine ganze Zahl ist, durchführbar, weil nur die künstlich gelegte Schleife zu entfernen und der Kollektorschritt entsprechend zu verkürzen ist, also von Steg 40 in 39, von 38 in 37, von 37 in 36 usf. (vgl. Abb. 129), d. h. die oberschichtigen Spulenseiten werden bei jedem zweiten Steg angeschlossen. Zusätzlich sind noch die Ausgleichsverbinder (vgl. Abb. 122) anzubringen.

In der 220-Volt-Schaltung kann daher der Anker mit dem doppelten Strom belastet werden. Es müssen in diesem Falle natürlich auch alle Feldwicklungen 2fach parallel geschaltet werden. Weiter ist bei diesen Umschaltungen darauf zu achten, ob der Kollektor und die Bürsten für diese erhöhte Stromabnahme geeignet sind. In diesem Falle ist die Stromstärke $J = \frac{\text{Watt}}{\text{Volt}} = \frac{10000}{220} = 45$ Amp. (früher 22,5 Amp.). Somit soll die Bürsten-Schleiffläche mindestens 4 cm² betragen, also je Bolzen 2 cm², wenn die Maschine 4 Bolzen hat. Dann entfallen auf den Stromaus- und Stromeintritt je 2 Bürstenbolzen, d. i. je Bolzen eine Bürste mit den Abmessungen 10×20 mm, weil man etwa 10—12 Amp. pro cm² (allerdings abhängig von der Kohlensorte) allgemein zulassen kann. Es gibt auch Kohlensorten, die bedeutend höhere Belastungen vertragen.

Die Kollektortemperatur soll, mit Thermometer gemessen, etwa 95° nicht überschreiten. Nur Sonderauslegungen gestatten höhere Erwärmungen.

2. Beispiel:

Dieselbe Maschine soll mit der doppelten Drehzahl betrieben werden und die doppelte Leistung abgeben, und zwar bei gleicher Spannung. Vom

Abschnitt II G her ist bekannt, daß der Kraftfluß

$$\Phi \cong \frac{U}{z_s \cdot v} \text{ ist,}$$

wenn man mit z_s die wirksame Leiterzahl und mit $v = \frac{D_a \cdot \pi \cdot n}{60}$ die Ankergeschwindigkeit in m/sec bezeichnet. Wir setzen hier v an Stelle von f. Somit ist $v = \frac{U}{z_s \cdot \Phi}$, d. h. es muß die halbe Stabzahl, also $z_s/2$ genommen werden, um auf die doppelte Drehzahl zu kommen, weil der Kraftfluß immer konstant zu halten ist. Es ist also für diesen Fall der Anker so umzuschalten wie im ersten Beispiel, ebenso die vom Hauptstrom durchflossenen Wicklungen wegen der doppelten Stromstärke, also 2fach parallel. Die Nebenschlußerregung bleibt natürlich unverändert, weil sich die Spannung nicht geändert hat.

Bei Wicklungsumschaltungen zum Zwecke der Drehzahlerhöhung ist nachzurechnen, ob die Bandagen dafür geeignet sind und ob eine einwandfreie Kommutierung (Stromwendung), die von der Drehzahl bzw. Leistung beeinflußt wird, gewährleistet ist.

Bei Maschinen mit Wendepolen und Kompensationswicklung sind Stromwende- oder Reaktanzspannungen e_r bis etwa 20 Volt üblich und es ist in grober Annäherung bei größeren Maschinen

$$e_r \cong 0{,}7 \cdot w_s \frac{N}{D_a},$$

wenn N die Leistung in kW, D_a der Ankerdurchmesser in cm und

$$w_s = \frac{z_n}{2u}$$

die Windungszahl einer Ankerspule ist. Mit z_n ist die gesamte Stabzahl einer Nut bezeichnet. Bei Stabankern ist w_s meistens eins, so daß $e_r \cong 0{,}7\ N/D_a$ wird. Die Höhe der zugelassenen Reaktanzspannung ist auch von der Kohlensorte abhängig, und sie kann im allgemeinen um so größer sein, je härter die Kohle ist. Als Richtlinie für eine gute Kommutierung gilt, daß bei

$e_r \cong$ bis 4 V	Normalwicklung
$e_r \cong$ 4 bis 8 V	Treppenwicklung
$e_r \cong$ 8 bis 20 V	Treppen- und Kompensationswicklung

Anwendung findet.

VII. Entwurf einer unsymmetrischen Bruchlochwicklung

a) Übungsbeispiel mit einer unsymmetrischen Bruchlochwicklung mit

$$N = 24,\ p = 3,\ Y_N = \frac{N}{2p} = 4;\ y_p = \frac{N}{p} = 8,\ \gamma = \frac{N}{2 \cdot m} = 4,\ q = \frac{\gamma}{p} = \frac{4}{3} = 1^1/_3.$$

γ =	1		2		3		4	
+ U in Nut	1	+8 =	9	+8 =	17	+8 −1 =	24	+8 =
+ Z in Nut	8	+8 =	16	+8 −1 =	23	+8 =	7	+8 =
− V in Nut	15	+8 −1 =	22	+8 =	6	+8 =	14	+8 −1 =
− X in Nut	21	+8 =	5	+8 =	13	+8 −1 =	20	+8 =
− W in Nut	4	+8 =	12	+8 −1 =	19	+8 =	3	+8 =
+ Y in Nut	11	+8 −1 =	18	+8 =	2	+8 =	10	

Abb. 130. Nutentabelle

Die Abb. 130 zeigt die Nutentabelle, die Abb. 131 den Nutenplan mit einer Wicklung, deren Spulen gleiche Weite haben, und eine Spulenkopfform nach Abb. 65. Die Abb. 132 zeigt denselben Nutenplan, jedoch mit einer Dreiebenenwicklung mit einer Spulenkopfform nach Abb. 64.

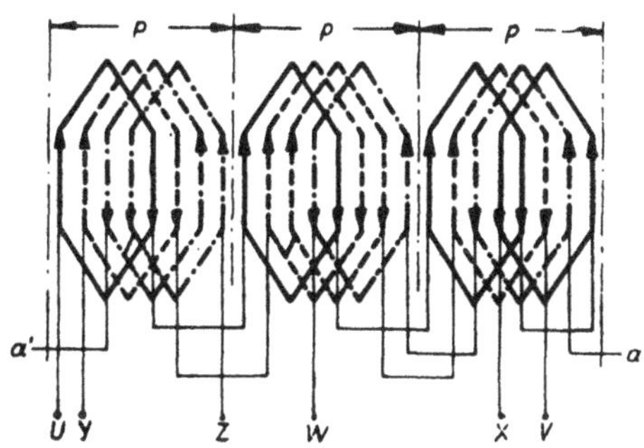

Abb. 131

Diese Wicklung eignet sich besonders deshalb sehr gut als Beispiel, weil mit diesem Nutenplan jede Phase anders zu schalten ist. Außerdem gibt es für die Phasenaufteilung wegen der Unsymmetrie keine Regel und es wurde in diesem Beispiel jeder Phasenanfang in ein anderes Polpaar p verlegt, so wie es von Schleifringläuferwicklungen her bereits bekannt ist (vgl. II D). Eine gleichmäßige Verteilung der 3 Phasen auf 120° elektrisch oder räumlich ist bei dieser Wicklung nicht möglich.

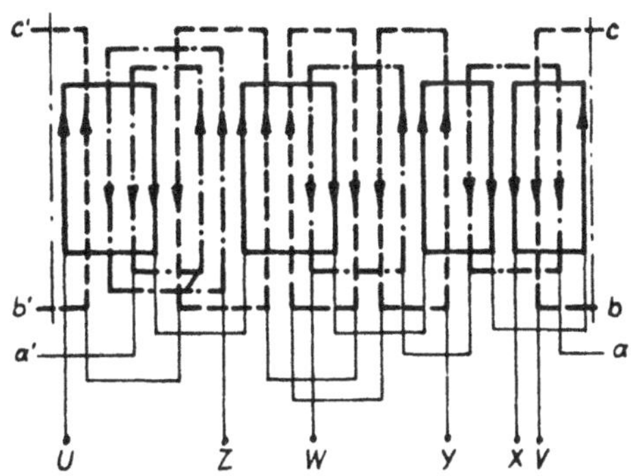

Abb. 132

Man kann diese Wicklung auch mit Hilfe einer Gruppierungstabelle auf folgende Art auslegen. Abschnitt III/A zufolge ist

$$q = \frac{N}{2 \cdot p \cdot m} = \frac{\gamma}{p} = \frac{z'}{n} = g + \frac{z}{n},$$

wobei z und n keinen gemeinsamen Teiler mehr haben. Es werden also γ-Einfachspulen in p-Gruppenspulen zusammengefaßt. Die Aufgabe besteht nun darin, die Wicklungsaufteilung so durchzuführen, daß alle Gruppenspulen mit der ungleichen Anzahl von Einfachspulen möglichst gleichmäßig auf die einzelnen Polpaare bzw. am Ankerumfang aufgeteilt werden.

Bei den Ganzlochwicklungen haben die einzelnen Gruppenspulen (vgl. II/c) immer die gleiche Anzahl von Einfachspulen. Bei den Bruchlochwicklungen haben die einzelnen Gruppenspulen eine ungleiche Anzahl von Einfachspulen, weil q keine ganze Zahl ist und die Gruppenspulen allgemein mit einer ganzen Anzahl von Einfachspulen ausgeführt werden. Der Unterschied an Einfachspulen wird aber immer nur eine Spule betragen, weil der echte Bruch z/n entweder „Eins" oder „Null" wird.

Ist beispielsweise bei einer 4poligen Wicklung $q = g + \frac{z}{n} = 4 + \frac{1}{2}$, wie im 4. Beispiel des Abschnittes III A, dann wird

die erste Gruppenspule $g + 1 = 5$ Einfachspulen erhalten
und die zweite $g = 4$ Einfachspulen.

Es wird also bei der ersten Gruppenspule $\frac{1}{2}$ addiert und bei der zweiten $\frac{1}{2}$ subtrahiert. Demnach bleibt die gesamte Anzahl der Einfachspulen unverändert und es ergibt sich daraus die nachstehend angegebene Beziehung:

z —— Gruppenspulen erhalten $g + 1$ Einfachspulen
$n - z$ —— Gruppenspulen erhalten g Einfachspulen.

Oder mit anderen Worten, das bei einem Teil von Gruppenspulen Dazugegebene ist beim restlichen Teil von Gruppenspulen in Abzug zu bringen.

Bei der 6poligen Wicklung des obigen Beispiels mit $q = g + \frac{z}{n} = 1\frac{1}{3}$ ist also

$$z = 1 \text{ und } g + 1 = 1 + 1 = 2 \text{ und}$$
$$n - z = 2 \text{ und } g = 1.$$

Die 4 Einzelspulen je Phase werden also so gruppiert, daß eine Gruppenspule mit zwei Einfachspulen und zwei Gruppenspulen mit je einer Einfachspule entstehen.

Um eine möglichst gleichmäßige Aufteilung der einzelnen Gruppenspulen am Ankerumfang zu erzielen, ist es bei der unsymmetrischen Wicklung am einfachsten, wenn man die Aufteilung der ungleichen Gruppenspulen in den einzelnen Phasen und unter den Phasen untereinander in der nachstehend angegebenen Reihenfolge, also abwechselnd, vornimmt.

1. Unter den Phasen $U—V—W$ . . Reihenfolge 1 — 2 — 1
2. In der Phase $U-X$ . . . . . . Reihenfolge 1 — 2 — 1
3. In der Phase $V-Y$ . . . . . . Reihenfolge 2 — 1 — 1
4. In der Phase $W—Z$ . . . . . . Reihenfolge 1 — 1 — 2

Demnach wird die unter 1. angewandte Reihenfolge auch bei den einzelnen Phasen, immer rechts herum zählend, eingehalten.

Phase	Anzahl der Spulenseiten in Polpaar		
	p_1	p_2	p_3
U	U_1 1 ↗	U_2 2 ↗	U_3 1 ↗
	X_1 1 ↙	X_2 2 ↙	X_3 1 ↙
V	V_1 2 ↙	V_2 1 ↙	V_3 1 ↙
	Y_1 2 ↗	Y_2 1 ↗	Y_3 1 ↗
W	W_1 1 ↙	W_2 1 ↙	W_3 2 ↙
	Z_1 1 ↗	Z_2 1 ↗	Z_3 2 ↗

Abb. 133. Gruppierungstabelle

Zur Aufteilung der ungleichen Gruppenspulen in allen Polpaaren benützen wir eine Gruppierungstabelle, die sehr einfach und übersichtlich mit der Gruppenspulen-Schaltung nach Abb. 69, jedoch mit Spulen gleicher Weite, darstellbar ist, weil je drei Gruppenspulen immer auf ein Polpaar zusammengedrängt sind. Die Abbildung 133 zeigt die Tabelle für die Wicklung dieses Beispieles. Es wurden die einzelnen Gruppenspulenseiten im Sinne der vorhin angegebenen Reihenfolge eingetragen. Der Nutenplan (Abb. 134) entsteht dadurch, indem man die Spulenseiten je Polpaar der Abb. 133 in der Reihenfolge der Abb. 92 geordnet nebeneinander reiht und diesen Vorgang so oft wiederholt, als Polpaare vorhanden sind.

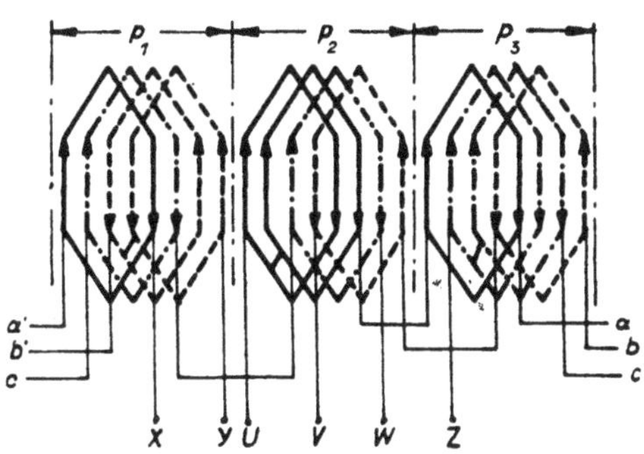

Abb. 134

Die Schaltung wurde nach Abbildung 69, also W-Phase rückschreitend geschaltet, ausgeführt und die Phasenanfänge wurden in ein Polpaar (Abstand etwa 120° elektrisch) verlegt. Motoren mit derartigen Wicklungen nehmen wegen der Unsymmetrie ungleiche Ströme auf, insbesonders im Leerlauf, und außerdem neigen sie zum Brummen, weshalb man bei größeren Motoren solche Ausführungen meidet.

VIII. Einphasige Anlaufwicklungen

a) Richtlinien für die Auslegung von Anlaufwicklungen bei asynchronen Einphasenmotoren

Im Abschnitt I j wurde festgestellt, daß der Zweiphasenmotor mit den beiden um 90^0 versetzten Phasen ebenso ein Drehfeld erzeugt wie der Dreiphasenmotor und deshalb auch zum Selbstanlauf befähigt ist. Weiter, daß der Einphasenmotor nur ein Wechselfeld erzeugt und eine Hilfseinrichtung zum Anlauf nötig ist. Demnach besteht beim Einphasenmotor zum Zwecke des Selbstanlaufes die Aufgabe darin, ein Zweiphasensystem herzustellen, also ein System mit phasenverschobenen Strömen. Dazu benötigt man zwei Wicklungszweige, die man auf einfache Weise dadurch erhält, indem man in die $^1/_3$ leeren Nuten des Ständers (Abb. 75) eine Hilfsphase legt, die parallel zur Hauptphase geschaltet ist, oder man verwendet einen normalen Drehstrommotor in Stern- oder Dreieckschaltung.

Die phasenverschobenen Ströme in den beiden Wicklungszweigen werden z. B. dadurch erreicht, indem man der Hilfsphase einen Ohmschen oder induktiven Widerstand oder einen Kondensator vorschaltet. Der Ohmsche Vorwiderstand kann erspart werden, wenn man die Hilfsphase so auslegt, daß ihr Widerstand den mehrfachen Widerstand der Hauptphase hat. Die Phase mit dem hohen Ohmschen Widerstand führt dann vorwiegend Wirkstrom, die mit dem Kondensator einen kapazitiven oder voreilenden Blindstrom und es entsteht dadurch ein Drehfeld, das mit dem zweiphasigen eine Ähnlichkeit hat. Dazu einige Beispiele:

1. Beispiel: Anlauf mit Hilfsphase allein

Bei der Wicklung nach Abb. 75 wird in die $^1/_3$ leeren Nuten eine Hilfsphase eingelegt, die um etwa 30% mehr Stäbe hat als die Hauptphase, so daß das Windungszahlverhältnis

$$\frac{\text{Hilfsphase}}{\text{Hauptphase}} = \frac{1{,}3}{2} = 0{,}65$$

wird. Der Stabquerschnitt in der Hilfsphase beträgt etwa $^1/_3$, somit ist das Widerstandsverhältnis

$$\frac{\text{Hilfsphase}}{\text{Hauptphase}} = \frac{3}{1}\, 0{,}65 = 2$$

Die Hilfsphase wird entweder mit einem Fliehkraftschalter ausgeschaltet oder mittels Stromrelais bei etwa 70% der Nenndrehzahl. Beim Einschalten nimmt nämlich der Motor etwa den 3- bis 4fachen Strom auf (Anlaufstrom) und es wird dieser große Strom zur Betätigung des Relais herangezogen

(Abb. 135a). Mit zunehmender Drehzahl nimmt der Strom ab und es wird bei etwa 1,7fachem Strom, der vor dem Erreichen der Nenndrehzahl auftritt, der Hilfsstromkreis wieder durch das Relais unterbrochen.

Bei einem normal beanspruchten Modell mit etwa der halben Drehstromleistung, also $N_1 \cong 0{,}5 \cdot N_3$ erhält man auf diese Weise das etwa 1,7fache Kippmoment und ein Anzugsmoment von etwa $^1/_3$ des Nennmomentes, das häufig noch gut zum Antrieb von Pumpen und Ventilatoren ausreicht. Mitunter wird diese Ausführung auch bei Motoren zum Antrieb von Kühlschrankkompressoren angewandt. In diesem Falle ist aber ein größeres Motormodell erforderlich. Die Abb. 135a zeigt die Wicklungsausführung für

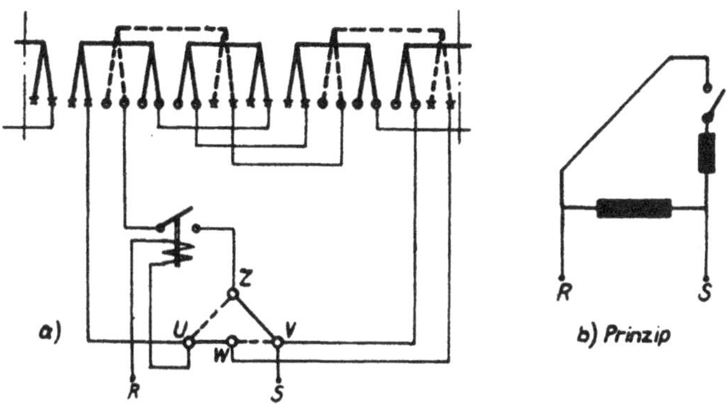

Abb. 135. Einphasenwicklung mit hochohmiger Hilfsphase und Relaisschaltung

einen 4poligen Motor mit 24 Nuten und Abb. 135b das Prinzipschaltbild. Es liegt also der Hilfskreis parallel zum Hauptkreis.

Die Drehrichtungsänderung erfolgt durch Umlegen der Schaltbügel in die gestrichelte Lage. In vielen Fällen kann der selbsttätige Schalter entfallen und es wird die Hilfswicklung nach dem Hochlauf von Hand aus ausgeschaltet. Man verwendet dazu am zweckmäßigsten einen Schalter mit Rückzugsfeder.

2. Beispiel: Anlauf mit Hilfsphase und Vorwiderstand

Ein normaler Drehstrommotor in Sternschaltung kann bei gleicher Netzspannung einphasig und dreiphasig arbeiten und es wurde im Abschnitt III c nachgewiesen, daß die magnetischen Verhältnisse dabei unverändert bleiben. Die Schaltung kann auf zwei Arten erfolgen, und zwar nach Abb. 136b und 136c. Demnach liegt im ersten Falle beim Anlauf die Hilfsphase mit dem Vorwiderstand parallel zur halben Hauptphase. Im zweiten Falle liegt der

Hilfskreis parallel zur ganzen Hauptphase und es besteht schaltungsmäßig mit der Ausführung nach Abb. 135 kein Unterschied. Die Stabquerschnitte sind in diesem Falle in beiden Wicklungszweigen gleich groß und das Windungszahlverhältnis ist 1 : 2. Somit hat die Hilfsphase nur den halben Widerstand von der Hauptphase und es ist im ersten Beispiel der Hilfsphasenwiderstand daher 4mal so groß. Um angenähert dieselben Anlaufverhältnisse zu erhalten wie im ersten Beispiel, muß daher im Hilfsstromkreis ein Ohmscher Widerstand R_v angeordnet werden, der etwa den 5- bis 6fachen Phasenwiderstand hat. Die Schaltung nach Abb. 136c wird im allgemeinen bevorzugt und es zeigt die Abb. 136a die vollständige Schaltung für die Ausführung nach Abb. 136c.

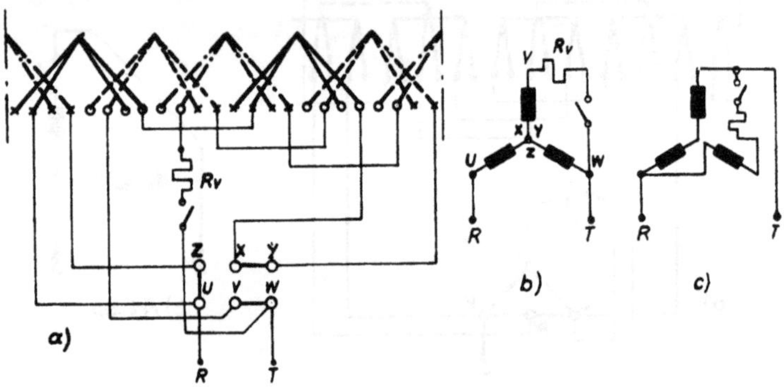

Abb. 136. Normale Drehstromwicklung
b) ⅄ Schaltung c) Schaltprinzip nach Abb. 135

Mit diesen Schaltungen ist also ein Drehstrommotor, der für 220 V (Sternschaltung) bewickelt ist, einphasig auch für 220 V geeignet.

3. Beispiel: Anlauf mit Hilfe eines Anlaß-Kondensators

Ist ein Drehstrommotor für 220/380 V in Dreieck-Sternschaltung bewickelt, dann ist er in der Dreieckschaltung Abschnitt III c zufolge häufig auch einphasig für 220 V verwendbar. Meistens können nämlich Drehstrommotoren in Dreieckschaltung mit einem Leerlaufstrom bis etwa 60% einphasig noch mit derselben Spannung betrieben werden, in diesem Falle mit 220 V, weil man einen Leerlaufstrom zulassen kann, der etwa 80% vom Volllaststrom des Drehstrommotors erreicht. Bei der Dreieckschaltung wird mitunter angegeben, daß man zu einer Phase einen Ohmschen Widerstand R parallel schalten soll (Abb. 137b). Auf diese Weise werden meistens nur unzureichende Anlaufeigenschaften erzielt, weshalb man allgemein statt eines Widerstandes einen Kondensator (Abb. 137c) parallel schaltet und es zeigt die Abb. 137a die vollständige Schaltung dazu. Der Kondensator ist nach dem Hochlauf auf eine bereits besprochene Art abzuschalten und es werden nachstehend Richtlinien für die Auslegung angegeben:

1. Drehstromleistung um etwa 50% reduzieren.
2. Für Anlaufmoment von 50% vom Nennmoment.
   $C \cong 70 \cdot N$ . . (C in μF und N in PS)
3. Für Anlaufmoment von 100% vom Nennmoment.
   $C \cong 160 \cdot N$
4. Für Anlaufmoment von 150% vom Nennmoment.
   $C \cong 230 \cdot N$

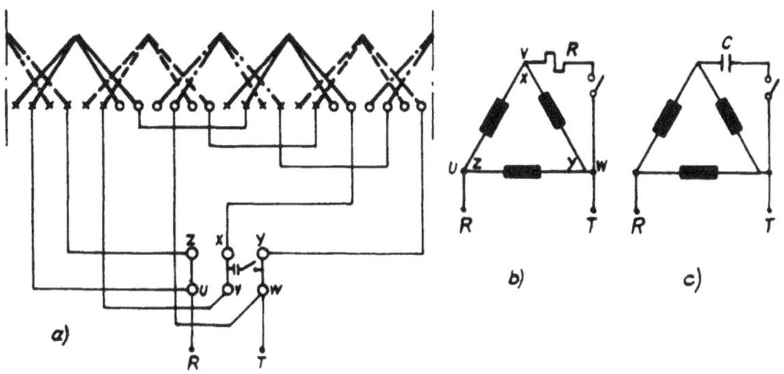

Abb. 137. Normale Drehstromwicklung
b) △ Schaltung mit Ohmschem Widerstand c) △ Schaltung mit Kondensator

Diese Angaben gelten für 220 V bis zu einer Einphasenleistung von etwa 2 PS und es ist mit Abweichungen bis etwa 20% zu rechnen. Weil die Kondensatoren nur kurzzeitig beim Anlauf eingeschaltet sind, werden häufig Elektrolyt-Kondensatoren (billiger) verwendet. Für die Umrechnung auf andere Spannungen U_1 und Frequenzen f_1 gelten folgende Formeln:

$$\frac{C_1}{C} \cong \left(\frac{U}{U_1}\right)^2 \text{ und } \frac{C_1}{C} = \frac{f}{f_1}$$

Demnach benötigt man bei 110 V bereits die 4fache Kapazität, weil sie sich umgekehrt quadratisch mit der Spannung ändert.

4. Beispiel: Motor mit Betriebskondensator

Bei dieser Ausführung ist es üblich, die Hilfsphase mit dem Kondensator in Reihe zu schalten (Abb. 138). Da dieser Hilfskreis dauernd eingeschaltet bleibt, wird die Hilfsphase in diesem Falle häufig mit etwa 30% mehr Stäben je Nut ausgeführt und mit einem um 30% verminderten Querschnitt. Der Kondensator bewirkt eine Leistungsfaktorverbesserung und es arbeiten derartige Motoren etwa mit $\cos\varphi = 1$. Der Kondensator wirkt sich in diesem Falle wie eine erhöhte Netzspannung aus, weshalb der Kapazität enge Grenzen gesetzt sind und es wird bei 220 V

$$C \cong 30 \cdot N$$

sein. Die Kapazität ist so zu wählen, daß der Leerlaufstrom kleiner als der Vollaststrom ist. Mit einem zu starken Kondensator kann der Leerlaufstrom so groß werden, daß die Wicklung im Leerlauf zerstört wird. Mit

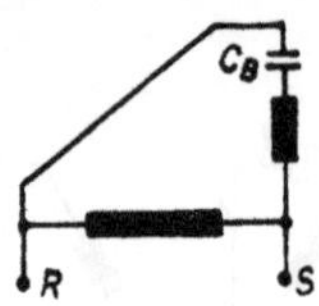

Abb. 138

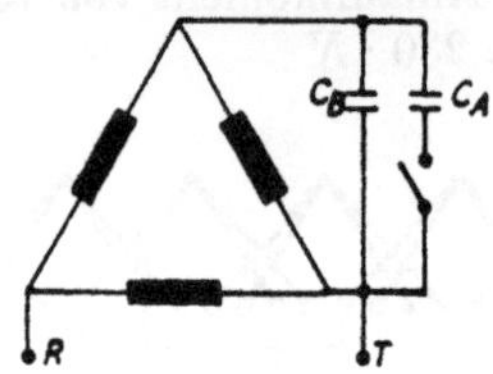

Abb. 139

dieser begrenzten Kapazität erreicht man ein Anzugsmoment von etwa 30 bis 40% und es ist als Vorteil das Wegbleiben des automatischen Schalters zu nennen. Der Motor arbeitet in diesem Fall so ähnlich wie ein Zweiphasenmotor.

5. Beispiel: Motor mit Anlauf- und Betriebskondensator

Mit dieser Anordnung wird auch ein größeres Anzugsmoment (etwa 100%) erreicht und es zeigt die Abb. 139 eine Ausführungsmöglichkeit. Der Betriebskondensator C_B wird so, wie im Beispiel 4. angegeben, gewählt und der Anlaßkondensator C_A bekommt etwa die zweifache Kapazität, die parallel zum Betriebskondensator geschaltet wird. Nach dem Hochlauf wird der Anlaßkondensator automatisch abgeschaltet.

IX. Wicklungsauslegung mittels Nutenstern

Die vorangegangenen Ausführungen haben erwiesen, daß die angewandten einfachen Auslegungsmethoden für den Entwurf der in der Praxis am häufigsten verwendeten Wicklungsarten ausreichen. Nur in schwierigeren Fällen wird man damit nicht das Auslegen finden und den Nutenstern, auch Spulen- oder Spannungsstern genannt, anwenden. Unter Nutenstern versteht man die kreisförmige Anordnung der Nuten in elektrischen Graden (1), wobei die Nuten durch Spannungsvektoren oder Zeiger dargestellt werden.

1. Einschichtwicklungen

a) Nutenstern

Unter der Voraussetzung, daß sich die Spannungen mit der Zeit sinusförmig ändern, können die Spannungen durch Vektoren oder Zeiger dargestellt werden, und zwar auf folgende Weise:

Die beiden Spulenseiten einer Durchmesserspule liegen unter ungleichnamigen Polen, sie sind also bei einer 2-poligen Maschine um 180° räumlich (entspricht einem Phasenwinkel von 180°) gegeneinander versetzt. Bei einer größeren Polzahl vermindern sich daher die räumlichen Grade im Verhältnis der Polpaarzahl p, und es beträgt z. B. bei einer 6-poligen Maschine der gegenseitige Abstand nur mehr $180°/p = 60°$ räumlich. Weiter befinden sich zwischen zwei ungleichnamigen Polen $N/2p$ Nuten, somit sind die in den Spulenseiten benachbarter Nuten induzierten Spannungen in der Phase um

$$\alpha_e = \frac{180°}{\frac{N}{2p}} = p\,\frac{360°}{N} = p \cdot \alpha \qquad (1)$$

gegeneinander verschoben, wobei der Index e aussagt, daß die gegenseitige Versetzung in elektrischen Graden $\alpha_e = p \cdot \alpha$ beträgt, d. h. α_e hat im Nutenstern den p-fachen Wert vom Winkel $\alpha = 360°/N$, der durch die Ankernutenzahl N bestimmt ist.

Die Nuten des Ständers werden nun fortlaufend beziffert und im Nutenstern durch Zeiger dargestellt, die in der fortlaufenden Bezifferung im Abstande α_e anzuordnen sind. Demnach ist die Ständernut 1 im Nutenstern mit Zeiger 1 zu bezeichnen, die Ständernut 2 hat im Nutenstern als Zeiger 2 um den Winkel α_e versetzt zu folgen, weil nur in diesem Abstande der Vektor 2 bzw. der Zeiger 2 der räumlichen Lage der Ständernut 2 entspricht, die Ständernut 3 ist um weitere α_e Grade versetzt usf. Ist beispielsweise $p = 1$ (2polige Maschine), dann liegen im Nutenstern auch die Zeiger fortlaufend so beziffert nebeneinander, wie am Ankerumfang. Bei mehrpoligen Maschinen ist dies anders, denn der größte gemeinsame Teiler t von der Nutenzahl N und der Polpaarzahl p gibt die Anzahl der gleichphasigen Zeiger an, somit erhält der Nutenstern nur N/t ungleichphasige Zeiger, die um den Nutenwinkel

$$\alpha_N = t\,\frac{360^\circ}{N} = t \cdot \alpha \tag{2}$$

gegeneinander versetzt sind. Es verhält sich also

$$\frac{\alpha_e}{\alpha_N} = \frac{p \cdot \alpha}{t \cdot \alpha} = \frac{p}{t}. \tag{3}$$

Es besteht zwischen α_e und α_N also nur dann kein Unterschied, wenn $t = p$ ist. In diesem Fall wird die Wicklungsausteilung mit Hilfe des Nutensternes besonders einfach, weil die Ziffernfolge des Ankers die Ziffernfolge des Nutensternes für $\frac{N}{t}$ Zeiger ist. Im Nutenstern sind demnach nur die ungleichphasigen Zeiger enthalten, und die t-mal gleichphasig vorkommenden Zeiger werden im Nutenstern t-mal übereinander angeschrieben. Es zeigt die Abb. 140 den Nutenstern für eine dreiphasige Ganzlochwicklung mit dem größten gemeinsamen Teiler $t = 2 = p$ und $\frac{p}{t} = 1$ bzw. $\alpha_e = \alpha_N$.

Der Vorgang bei der Erstellung des Nutensternes ist folgender:

1. Die $\frac{N}{t}$ Zeiger sind im Nutenstern um den Winkel $\alpha_N = t\,\frac{360^\circ}{N}$ gegeneinander versetzt anzuordnen.
2. Die Bezifferung der einzelnen Zeiger hat so zu erfolgen, daß der der 1. Ankernut entsprechende Zeiger mit 1 beziffert wird, der der 2. Ankernut im Abstande $\alpha_e = p\,\frac{360^\circ}{N}$ mit 2, der der 3. Ankernut im Abstande α_e mit 3 usf. Weil nur N/t-Zeiger im Nutenstern vorkommen, entfallen auf jeden Zeiger somit t-Bezifferungen.

b) Bildung der Ankerspulen und Phasen

Jede Spule besteht aus zwei Spulenseiten, die z. B. bei der Durchmesserspule (Abb. 141) um genau eine Polteilung τ auseinanderliegen. Somit gibt es bei der Einschichtwicklung $N/2$-Spulen, und auf jede der m-Phasen entfallen daher

$$\gamma = \frac{N}{2\,m} \tag{4}$$

Spulen. Da die beiden Spulenseiten einer Durchmesserspule um eine Polteilung τ oder um 180° in der Phase verschoben sind, sind sie untereinander um 180°_{el} (elektrische Grade) versetzt. Die Spulenseiten haben daher verkehrte Polarität, weshalb man die eine Spulenseite als positiv und die andere als negativ bezeichnet. Die γ-gleichsinnigen Spulenseiten je Phase werden so angeordnet, daß die gegenseitige Phasenverschiebung am kleinsten ist, weil nur dann die beste Wicklungsausnützung (höchste Phasenspannung) gewährleistet ist.

Die positiven Spulenseiten der einzelnen Phasen müssen bei einer phasenreinen Wicklung symmetrisch verteilt sein, also untereinander gleiche Abstände haben. Diese Bedingung wird erfüllt, wenn die Verschiebung der Phasen untereinander $\frac{360°_{el}}{m}$ im Nutenstern beträgt. Die negativen Spulenseiten folgen bei Durchmesserspulen den positiven im Abstand von $180°_{el}$; bei Sehnenspulen liegen sie in der Nähe. Im Nutenstern beträgt der Abstand 180° bzw. etwa 180°.

c) Auslegungsregeln

1. Es werden die zur U-Phase gehörigen positiven Spulenseiten bzw. Zeiger mit kleinstem Phasenunterschied im Nutenstern angeordnet.
2. Im Abstande von $360°_{el}/3$ folgen z. B. bei der 3-Phasenwicklung die positiven γ-Zeiger der 2. Phase und um weitere $360°_{el}/3$ die positiven γ-Zeiger der 3. Phase. Im Nutenstern beträgt der Abstand $360°/m$.
3. Die γ-negativen Spulenseiten bzw. Zeiger einer Phase sind gegen ihre positiven bei Durchmesserspulen im Nutenstern um 180° versetzt und bei Sehnenspulen um etwa 180°; allgemein um etwa $180°_{el}$.
4. Die Wicklungsanfänge werden mit $+U$, $+V$, $+W$ und die Wicklungsenden mit $-X$, $-Y$, $-Z$ bezeichnet, wobei

   die Phase $+U-X$ mit ————
   die Phase $+V-Y$ mit - - - - - - -
   die Phase $+W-Z$ mit . . . .

   näher gekennzeichnet ist. Weiter werden bei der Einschichtwicklung alle Spulenseiten bzw. Zeiger mit gleichstarken Strichen dargestellt.
5. Die zu einer Phase gehörigen ungleichsinnigen Spulenseiten werden so zu einzelnen Spulen geschaltet, daß die kürzesten Spulenköpfe und die einfachsten Verbindungen entstehen. Man kann zu einer positiven Spulenseite die negative auch aus einem beliebigen Pol wählen.

d) Ausführungsbeispiel für eine Ganzloch-Einschichtwicklung

Datenangabe: Drehstromwicklung mit $N = 24$, vier Pole, also $2p = 4$. Bei der Ganzlochwicklung (II) muß die Nutenzahl q je Pol und Phase eine ganze Zahl sein, und es ist

$$q = \frac{N}{2p \cdot m} = \frac{24}{4 \cdot 3} = 2$$

Erstellung des Nutensternes

Die Anzahl der positiven und negativen Spulenseiten je Phase $\gamma = N/2m = 24/6 = 4$. Mit der Polpaarzahl $p = 4/2 = 2$ ist der größte gemeinsame Teiler $t = 2$. Zeigeranzahl $N/t = 12$. Gegenseitiger Abstand der Zeiger im Nutenstern $\alpha_N = t \cdot 360/N = 30°$. Die Bezifferung des Nutensternes erfolgt mit Hilfe des elektrischen Winkels $\alpha_e = p \cdot 360°/N = 30°$. Demnach besteht in diesem Falle zwischen α_N und α_e kein Unterschied, weil $p/t = 1$ ist.

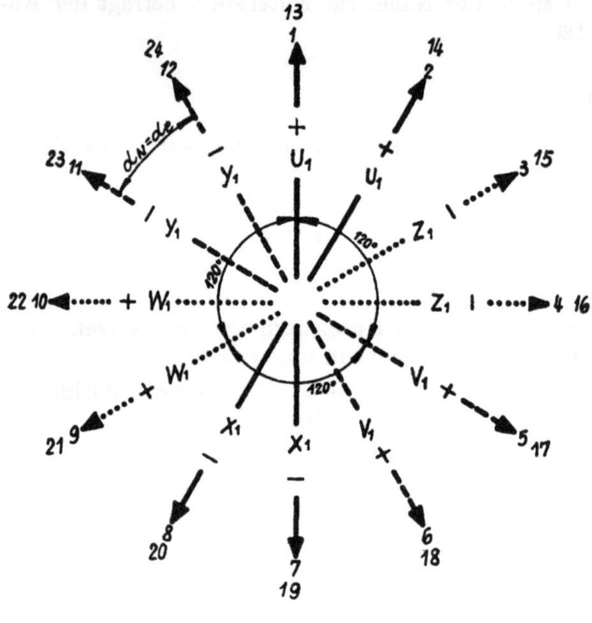

Abb. 140. Nutenstern einer Einschichtwicklung

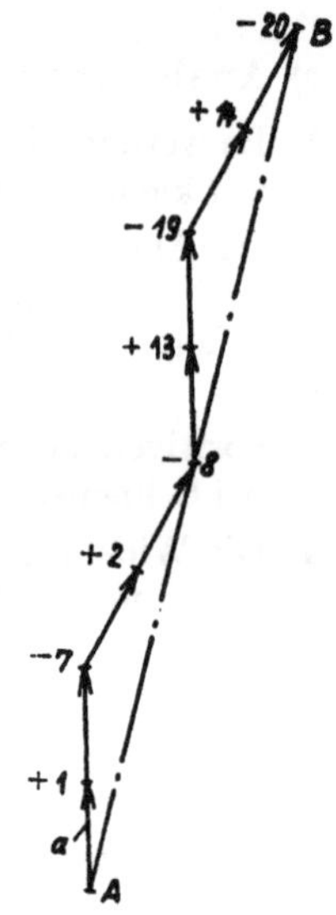

Abb. 140a

Da $t = 2$ ist, kommen im Nutenstern je Phase nur $\gamma/t = 4/2 = 2$ positive und 2 negative Spulenseiten nebeneinander vor, also je q-Zeiger, d. s. $2 \cdot q \cdot m = 12$ Zeiger. Diese Anzahl wiederholt sich t-mal, wobei die gleichphasigen Zeiger übereinander angeschrieben werden,

Wicklungsauslegung

Die erste Bedingung wird am besten erfüllt, wenn man der Phase U, und zwar den 4 positiven Spulenseiten die Zeiger 1, 2 und 13, 14 zuordnet (Abb. 140), d. h. die $q = 2$ Zeiger werden im Nutenstern nebeneinander angeordnet.

Die zweite Bedingung wird erfüllt, wenn die positiven Spulenseiten der V-Phase von der U-Phase um $\frac{360°_{el}}{m} = 120°_{el}$ entfernt sind (Abb. 141). Es beträgt die Entfernung im Nutenstern $360°/m = 120°$ räumlich (Abb. 140). Somit gehören die Zeiger 5, 6 und 17, 18 zur V-Phase (Abb. 140). Dasselbe gilt für die W-Phase, der die Zeiger 9, 10 und 21, 22 zufallen.

Die 3. Bedingung wird erfüllt, wenn die negativen Zeiger um $180°_{el}$ (im Nutenstern 180° räumlich) gegeneinander versetzt sind. Bei Durchmesserspulen (Abb. 140) sind dies

für Phase U die Zeiger 7, 8 und 19, 20
für Phase V die Zeiger 11, 12 und 23, 24
für Phase W die Zeiger 3, 4 und 15, 16

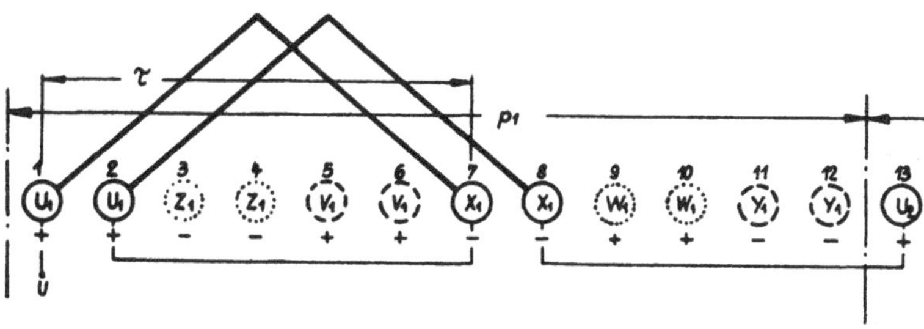

Abb. 141. Nuten- und Schaltplan

Die Zeiger 1 . . . 12 gehören zum 1. Polpaar und die Zeiger 13 . . . 24 zum 2. Polpaar. Im Nutenstern kommen die gleichsinnigen Spulenseiten der Wicklung so numeriert nebeneinander zu liegen, wie sie am Ankerumfang zu verteilen sind. In diesem Falle, da $\alpha_e = \alpha_N$ ist, ergibt sich im Nutenstern eine fortlaufende Bezifferung. Bei der Bruchlochwicklung ist dies allgemein nicht mehr der Fall. Die Ankerwicklung wird nun mit Hilfe eines Nuten- und Schaltplanes auf folgende Art ausgelegt:

Die N-Nuten des Ankers werden nebeneinander aufgezeichnet und fortlaufend numeriert. Mit der in der Regel 4 angegebenen Bezeichnung der Spulenseiten und Phasen erfolgt die Übertragung vom Nutenstern in den Nutenplan so, daß die Zeiger $+ U1$ die Nut 1 und 2 besetzen, die Zeiger $-Z1$ die Nut 3 und 4 usf. Damit erhält man den Nutenplan (Abb. 141, vgl. II) für das 1. Polpaar $p\,1$ mit den Nuten 1 . . . 12. Im 2. Polpaar wiederholt sich die Übertragung für die Nuten 13 . . . 24. Die Abb. 142 zeigt den Nutenplan in einer anderen Darstellung.

Eine Nutspule entsteht, wenn man 2 ungleichsinnige Spulenseiten einer Phase, die um etwa eine Polteilung τ auseinanderliegen (Abb. 141), miteinander verbindet, weil sich nur dann die Spannungen in den beiden Spulenseiten addieren. Eine Gruppenspule entsteht, wenn man z. B. die $U_1 - X_1$-Spulenseiten oder q-Nutspulen so zusammenschaltet, wie es die Abb. 141 zeigt. Die Schaltung der Gruppenspule kann vielseitig erfolgen. Zum Beispiel erhält man durch die Verbindung 1 mit 7 und 2 mit 8

Spulen gleicher Weite (Durchmesserspulen, Abb. 141)

und durch die Verbindung 2 mit 7 und 1 mit 8

Spulen ungleicher Weite (Sehnenspulen, Abb. 142).

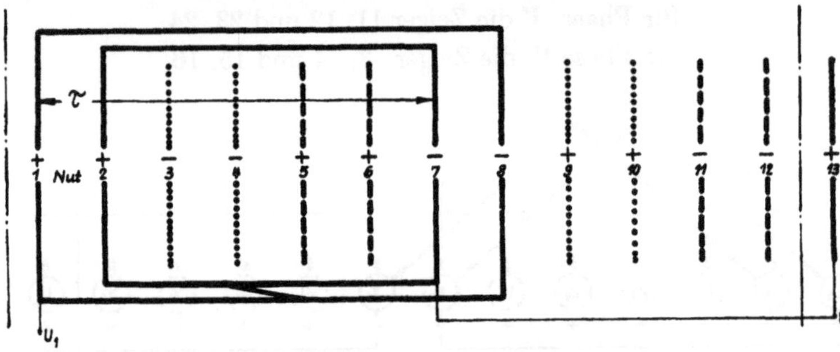

Abb. 142. Nuten- und Schaltplan

In der Praxis sind die Ausführungen nach Abb. 141 u. 142 stark verbreitet, und es wurden weitere Ausführungsmöglichkeiten im Abschnitt II ausführlich behandelt.

Die Gruppenspulen je Phase können in Reihe oder parallel geschaltet werden. Bei der Reihenschaltung werden ungleichsinnige Gruppenspulenseiten verbunden (Abb. 141) und bei der Parallelschaltung gleichsinnige zusammengeschaltet. Zum Beispiel müßte in Abb. 141 bei der Parallelschaltung U_1 und U_2 usw. miteinander verbunden werden. Über die Parallelschaltbarkeit gibt die Abb. 140 u. 140a Aufschluß. Reiht man die positiven und negativen Spulenseiten der tatsächlichen Lage im Nutenstern entsprechend aneinander (winkelgerecht) mit der Berücksichtigung, daß sich die Spannungen, wie bereits erwähnt, in den positiven und negativen Spulenseiten addieren, dann erhält man den Spannungsast der Abb. 140a für die U—X-Phase. Demnach sind in den Spulenseiten 1, 7 und 13, 19 die Spannungen gleich groß und phasengleich, somit ist die Wicklung 2fach parallel schaltbar. Für die Wicklung nach Abb. 142 mit Spulen ungleicher Weite ergibt sich, wie aus den Abbildungen 140 ersichtlich, daß sogar alle 4 Nutspulen je Phase parallel geschaltet werden können, weil auch die Spulen

1—8, 7—2, 13—20 und 19—14 gleichartig sind. Für die Parallelschaltbarkeit ist also die Lage der Spulenseiten am Ankerumfang maßgebend. Die Form der Spulenköpfe und Unterschiede in den Wirk- und Streublindwiderständen in parallel zu schaltenden Wicklungszweigen kommt, insbesondere bei kleineren Maschinen, keine besondere Bedeutung zu. Man wird aber bei Neuauslegungen von parallel zu schaltenden Wicklungen die Teilspulen möglichst gleich lang machen.

Die Strecke A—B (Abb. 140a) gibt auch über die resultierende Spannung Aufschluß, weil der Wicklungsfaktor bzw. Zonenfaktor (vgl. IV)

$$\xi_z = \frac{\text{Strecke A—B}}{8 \cdot \text{Strecke } a},$$

in diesem Falle also $\frac{79}{82,2} \approx 0,96$. ist.

e) Ausführungsbeispiel für eine Einschicht-Bruchlochwicklung

Für die Auslegung gelten dieselben Regeln wie für die Ganzlochwicklung, und es werden nachstehend die Bedingungen für die Ausführbarkeit angegeben:

$$1.\ \frac{N}{2m} = \gamma = \text{ganze Zahl} \tag{5}$$

$$2.\ \frac{N}{t \cdot m} = \text{ganze Zahl} \tag{6}$$

Es ist m die Phasenzahl, N die Nutenzahl, t der größte gemeinsame Teiler von der Nutenzahl und der Polpaarzahl p und γ die Anzahl der Nutenspulen je Phase. Bei der Zweiphasenwicklung ist bei der 2. Bedingung für $m = 4$ einzusetzen, weil die Phasen um 90° gegeneinander versetzt sind, d. h. die Zweiphasenwicklung ist genau genommen eine Vierphasenwicklung. Die Bruchlochwicklung ist daran erkennbar, daß die Nutenzahl q je Pol und Phase keine ganze Zahl, sondern eine gebrochene Zahl ist. Aus $q = N/2p \cdot m$ und Gleichung 5 folgt für die Bruchlochwicklung

$$q = \frac{N}{2p \cdot m} = \frac{\gamma}{p} = \text{gebrochene Zahl.} \tag{7}$$

Die übrigen Regeln, wie: $\alpha_e = p \cdot 360°/N$ und $\alpha_N = t \cdot 360°/N$ bleiben gültig.

Beispiel für eine 10polige Dreiphasenwicklung mit $N = 24$.

$q = \frac{N}{2p \cdot m} = 0,8 = \frac{4}{5}$; $\gamma = \frac{N}{2m} = 4$; $t = 1$; $\frac{N}{t \cdot m} = 8$; Anzahl der Zeiger $\frac{N}{t} = 24$; Zeigerabstand $\alpha_N = \frac{t \cdot 360°}{N} = 15°$; $\alpha_e = \frac{p \cdot 360°}{N} = 75°$, somit $\frac{\alpha_e}{\alpha_N} = \frac{75}{15} = 5$, d. h. die fortlaufenden Ziffern des Ankers 1, 2 usf. folgen im Stern im Abstande von 5 Zeigern. Damit erhält man den Nutenstern der Abb. 143 mit der unregelmäßigen Bezifferung.

Nach den Auslegungsregeln wird die 1. Bedingung am besten erfüllt, wenn man die $\gamma = 4$ positiven Spulenseiten mit kleinstem Phasenunterschied, d. s. die Zeiger 1, 6, 11 und 16, die ja den gegenseitigen Abstand von je $15°_{el}$ haben, der U-Phase zuordnet.

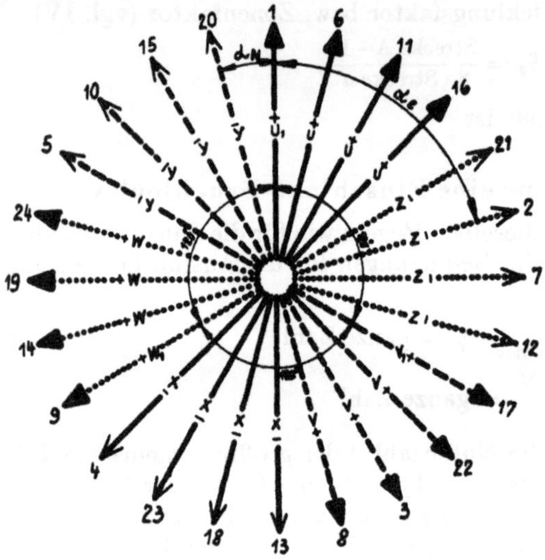

Abb. 143. Nutenstern

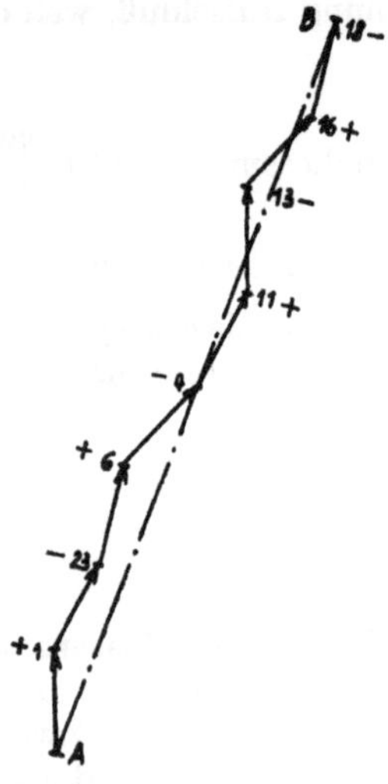

Abb. 143a

Die 2. Bedingung wird erfüllt, wenn die positiven Spulenseiten der V-Phase von der U-Phase um $120°_{el}$ entfernt sind, das sind 8 Zeiger mit dem Nutenwinkel $\alpha_N = 15°_{el}$, weil der Nutenstern den vollen elektr. Winkel ($360°_{el}$) umfaßt. Denselben Abstand hat die W-Phase von der V-Phase. Somit erhält man für die positiven Spulenseiten der V-Phase die Zeiger 17, 22, 3 und 8, weiter für die W-Phase die Zeiger 9, 14, 19 und 24.

Die 3. Bedingung wird erfüllt, wenn man die negativen Zeiger um $180°_{el}$, das sind 12 Zeiger mit je $\alpha_N = 15°_{el}$ gegen die positiven Zeiger versetzt.

Es kommen also die gleichsinnigen Spulenseiten der Wicklung so numeriert im Nutenstern nebeneinander zu liegen, wie sie der Lage am Ankerumfang entsprechen. Die N-Nuten des Ankers werden nebeneinander aufgezeichnet und fortlaufend numeriert. Der Zeiger $+ U 1$ besetzt die Nut 1, der Zeiger $+ U 6$ die Nut 6 usf., wie es die Abb. 144 zeigt.

Zu einer Spule werden solche ungleichsinnigen Spulenseiten zusammengeschaltet, die den kürzesten Spulenkopf ergeben, und zwar

in Phase $U - X$	Phase $V - Y$	Phase $W - Z$
1 mit 23	17 mit 15	9 mit 7
6 mit 4	22 mit 20	14 mit 12
11 mit 13	3 mit 5	19 mit 21
16 mit 18	8 mit 10	24 mit 2

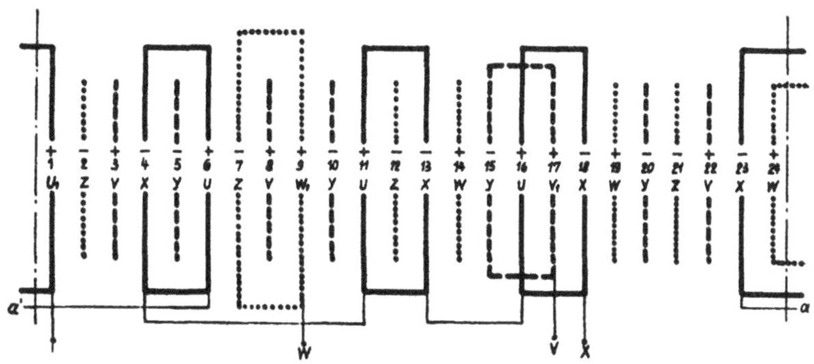

Abb. 144. Nuten- und Schaltplan

Man könnte z. B. auch 1 mit 13 vereinen. Die einzelnen Spulen einer Phase werden so geschaltet, wie es die Abb. 144 für die Phase $U - X$, für die Reihenschaltung zeigt. Über die Parallelschaltbarkeit gibt wieder der Spannungsast Aufschluß. Es sind 2 parallele Zweige schaltbar, weil die Spulen 1, 23 und 6, 4 den Spulen 13, 11 und 18, 16 hinsichtlich der Spannungsgröße und Phase gleich sind, was übrigens auch der Nutenstern deutlich ersichtlich macht.

Es werden später noch Zweischicht- und Einschicht-Bruchlochwicklungen ausführlich behandelt, wobei die Auslegung mit einfachen Verfahren, ohne Anwendung des Nutensternes, erfolgt.

2. Zweischichtwicklungen

a) Ganzloch-Zweischichtwicklungen

Die Zweischichtwicklung hat bei der gleichen Nutenzahl die doppelte Spulenanzahl von der Einschichtwicklung. Bei der Zweischichtwicklung liegt eine Spulenseite in der Unterschicht und die andere Spulenseite in der Oberschicht, d. h. je Nut liegen zwei Spulenseiten übereinander. Wenn die zu einer Spule gehörenden Spulenseiten um eine Polteilung entfernt sind (Durchmesserwicklung), dann gehören die beiden Spulenseiten einer Nut immer derselben Phase an. Bei einer Sehnenwicklung kommen auch fremdphasige Spulenseiten in den Nuten übereinander zu liegen.

Für die Wicklungsauslegung kann man den Nutenstern der Einschichtwicklung verwenden, indem man die Zeiger für die positiven und negativen

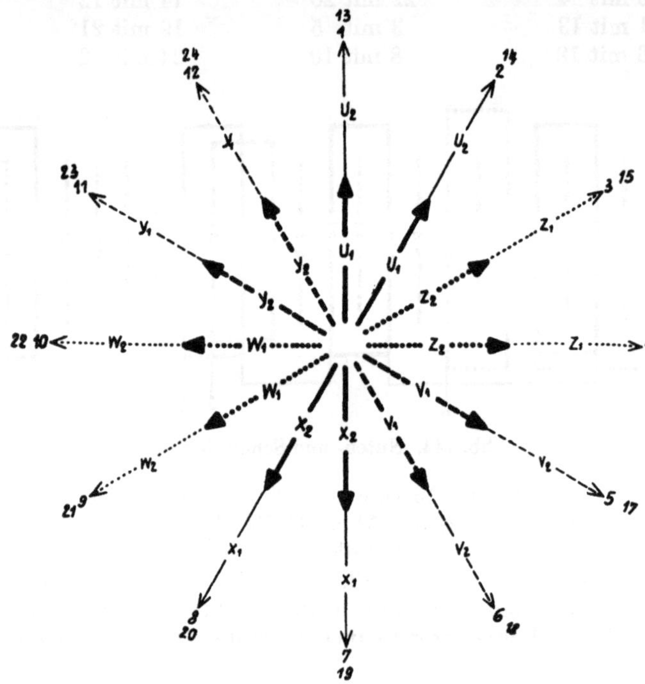

Abb. 145. Nutenstern einer Zweischichtwicklung

Spulenseiten unterteilt und daraus Doppelzeiger für je eine Ober- und Unterschicht macht, wobei die Oberschichtzeiger dick und die Unterschichtzeiger dünn dargestellt werden (Abb. 28).

Bei der Durchmesserwicklung sind dann die negativen Spulenseiten im Nutenstern gegen die positiven wieder um 180°, entspricht einer Polteilung, versetzt (Abb. 145) und bei der gesehnten Wicklung ist die Spulenweite W kleiner als die Polteilung τ, also kleiner als 180°, und zwar um die Sehnung $\varepsilon = \frac{W}{\tau}$. Zum Beispiel beträgt bei einer $^5/_6$ gesehnten Wicklung die Entfernung im Nutenstern nur mehr $180° \cdot \varepsilon = 180° \frac{5}{6} = 150°$. Im Nutenplan (Abb. 146) wird die doppelte Spulenanzahl auf folgende Art berücksichtigt:

Die beiden Spulenseiten (Schichten) je Nut werden übereinander angeordnet, so wie es der tatsächlichen Lage in der Maschine entspricht.

Im Nutenplan der Abb. 147 dadurch, daß

die beiden Spulenseiten (Schichten) je Nut nebeneinander angeordnet sind, und zwar die Oberschicht rechts (dick) und die Unterschicht links (dünn).

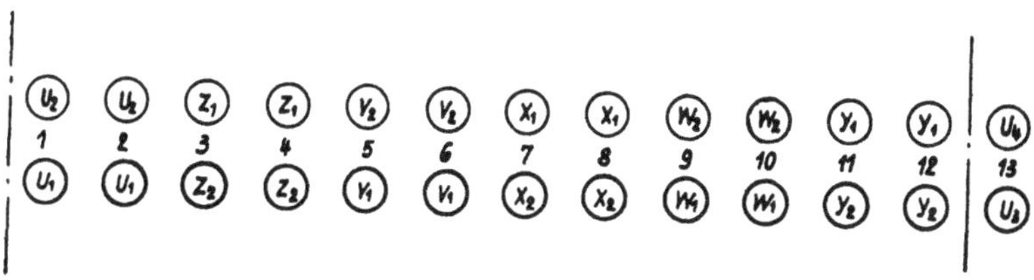

Abb. 146. Nutenplan für Durchmesserwicklung

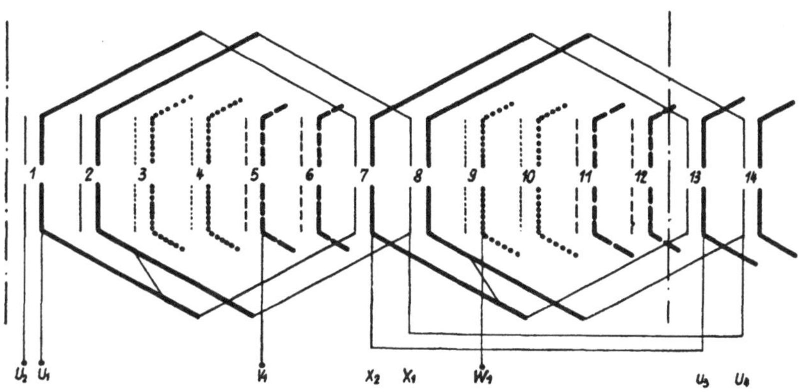

Abb. 147. Nutenplan für Durchmesserwicklung

Die Abbildungen gelten für Ständer von Wechselstrom-Innenpolgeneratoren und für Ständer von Asynchronmaschinen, bei welchen die Oberschicht in der Nähe der Bohrung liegt und die Unterschicht am Nutengrund.

Die Schaltverbindungen können vielseitig ausgeführt werden. Die zu einer Phase gehörenden Gruppenspulen der Abb. 147 können z. B. so geschaltet werden, daß bei der Reihenschaltung X_1 statt mit U_4 (Abb. 147) mit U_2 oder mit U_3 verbunden wird. Weiter kann diese Wicklung 2fach oder 4fach parallel geschaltet werden. Allgemein erfolgt die Schaltung so, daß man die kürzeste Verbindung erhält, wobei natürlich die Polarität der einzelnen Spulenseiten gewahrt bleiben muß.

Für den Nutenstern und für den Nutenplan der gesehnten Zweischichtwicklung gelten dieselben Regeln wie für die Durchmesserwicklung. Eine Ausnahme macht die Zuordnung der Unterschicht-Spulenseiten, die gegenüber den Oberschicht-Spulenseiten nicht mehr um 180°, sondern um 180° · ε, also um die Sehnung ε versetzt anzuordnen sind. Ist z. B. die Wicklung des vorigen Beispiels um $^5/_6$ zu sehnen, dann beträgt der Abstand im Nutenstern $180^\circ \frac{5}{6} = 150^\circ$ oder mit Hilfe des Nutenschrittes $Y_N = \frac{N}{2p}\,\varepsilon = \frac{24}{4}\cdot\frac{5}{6} = 5$, statt $Y_N = 6$, und es zeigt die Abb. 148 das Wickelschema dazu. Es bleiben

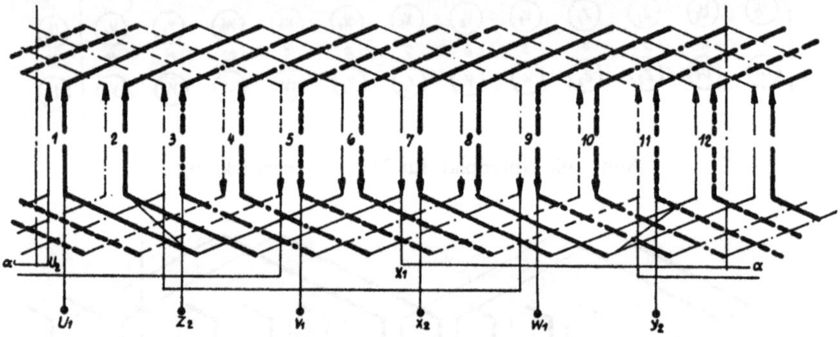

Abb. 148. Zweischichtwicklung $^5/_6$ gesehnt

also die oberschichtigen Spulenseiten und die Phasenanfänge unverändert, nur die unterschichtigen Spulenseiten haben sich um eine Nut nach links verschoben. Im Schema ist der Augenblick im Wellendiagramm gewählt, in dem die Spulenseite U den positiven Höchststrom führt (Pfeil nach oben) und die Spulenseiten V und W je den halben negativen Strom (Pfeil nach unten). Die Sehnung bewirkt, daß je Pol in einzelnen Nuten die Spulenseiten verkehrt vom Strom durchflossen werden, wodurch die Felderregerkurve V an dieser Stelle abgeflacht wird.

Die Zweischichtwicklung läßt sich auch mit einem einfachen Nutenstern (vgl. Abb. 149 einer Bruchloch-Zweischichtwicklung) darstellen, wobei dieser nur für die Oberschicht gilt. Näheres darüber im folgenden Abschnitt.

b) Bruchloch-Zweischichtwicklungen

Die Bedingungen für die Ausführbarkeit lauten:

$$1.\ \frac{N}{m} = \gamma = \text{ganze Zahl} \tag{8}$$

$$2.\ \frac{N}{t\cdot m} = \text{ganze Zahl} \tag{9}$$

Für eine 4polige Zweischicht-Dreiphasenbruchlochwicklung mit

$$N = 30, p = 2, q = 2\frac{1}{2}, \gamma = 10, t = 2, \alpha_e = \frac{p \cdot 360^\circ}{N} = 24^\circ, \alpha_N = \frac{t \cdot 360^\circ}{N} = 24^\circ$$

hat der Nutenstern das Aussehen nach Abb. 149, wenn man die Unterschicht vernachlässigt. Zwischen den positiven oberschichtigen Gruppenspulen-

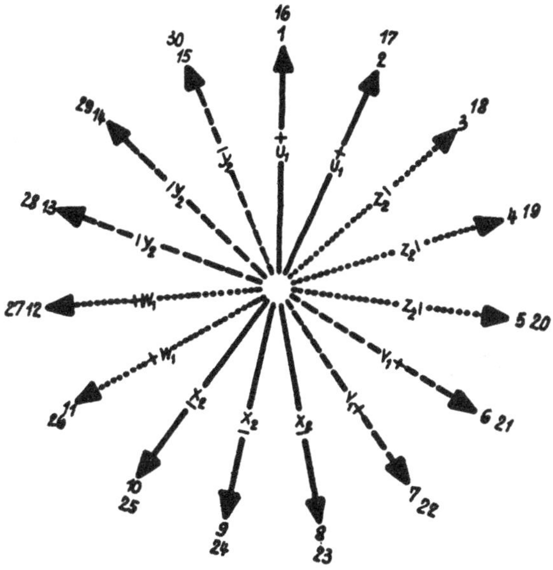

Abb. 149. Nutenstern

seiten zweier Phasen liegt (vgl. Abb. 56) immer die negative oberschichtige Gruppenspulenseite der dritten Phase, somit ergibt sich am Ankerumfang für die einzelnen Gruppenspulenseiten je Polpaar p die Reihenfolge

$$+U - Z + V - X + W - Y.$$

Da $q = 2\frac{1}{2}$ ist, ordnet man je Gruppenspulenseite abwechselnd 2- und 3nutige Gruppenspulenseiten nebeneinander in der Oberschicht an (Abb. 149), um eine gleichmäßige Aufteilung am Ankerumfang zu erhalten. Damit erhält man die im Nutenplan der Abb. 150 dargestellte Oberschicht (dicke Ringe), zu der die Unterschicht mit Hilfe des Nutenschrittes einzutragen ist. Mit einer $^4/_5$ Sehnung ist der Nutenschritt

$$Y_N = \frac{N \cdot 4}{2p \cdot 5} = \frac{30 \cdot 4}{4 \cdot 5} = 6, \text{ also 1 in 7}.$$

Somit sind die zu U gehörigen unterschichtigen negativen Spulenseiten X in Nut 7 und 8 anzuordnen, die zu Z gehörigen anschließend in Nut 9, 10 und 11 usf. Im Nutenplan ist die Schaltung für die Phase U — X im 1. Polpaar durchgeführt. Im 2. Polpaar wiederholt sich die Anordnung, weil $t = 2$ ist.

Die Phasenanfänge sind mit $U1$, $V1$, $W1$ gegeben.

Demnach lassen sich auch gesehnte Zweischicht-Bruchlochwicklungen im einfachen Nutenstern darstellen. Man trägt im Nutenstern nur die oberschichtigen Spulenseiten ein und berücksichtigt die zugehörigen unterschichtigen Spulenseiten erst bei der Übertragung in den Nutenplan.

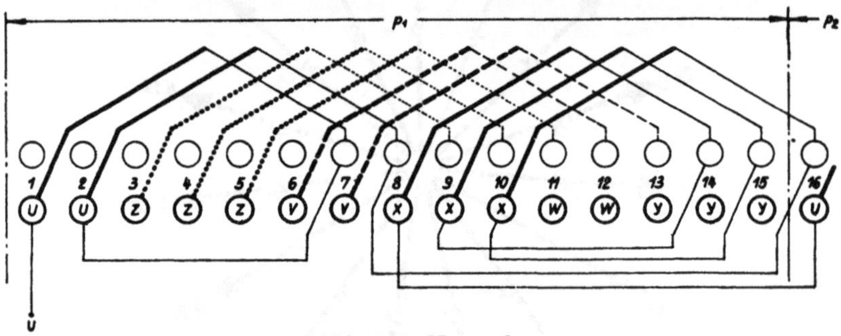

Abb. 150. Nutenplan

X. Besondere Auslegungsverfahren ohne Nutenstern

a) Grundsätzliches zum Entwurf von Bruchlochwicklungen ohne Nutenstern

Für die Ausführbarkeit von einschichtigen Bruchlochwicklungen gelten die bereits vorhin verwendeten Formeln

$$\frac{N}{2m} = \gamma = \quad \text{und} \quad \frac{N}{t \cdot m} = \text{ganzzahlig},$$

wobei t der größte gemeinsame Teiler von der Nutenzahl N und Polpaarzahl p der Maschine ist. Zum Beispiel ist bei $N = 24$ und $p = 5$ das $t = 1$, weil beide Ziffern nur 1 als gemeinsamen Teiler haben. Bei $N = 30$ und $p = 2$ ist $t = 2$, weil $30/2 = 15$ und $2/2 = 1$ ist, also beide Ziffern durch 2 dividiert eine ganze Zahl ergeben. γ = Spulenzahl je Phase, m = Phasenzahl.

Für die Ermittlung der Nutenzahl q je Pol und Phase gilt bei Bruchlochwicklungen allgemein

$$q = \frac{N}{2p \cdot m} = \text{gebrochene Zahl}$$

Wicklungen mit den beiden Beispielswerten

$$t = 1 \text{ und } \gamma = \text{gerade Zahl sowie}$$
$$t = 2 \text{ und } \gamma = \text{ungerade Zahl}$$

werden allgemein als Urwicklungen bezeichnet.

Die Nutenzahl N und die Polpaarzahl p ist bei Bruchlochwicklungen aus der Urwicklung durch Multiplikation von N_U und p_U mit dem Faktor t' entstanden, wenn man mit dem Index U die Größen der Urwicklung näher kennzeichnet. Auf diese Weise erhält man alle übrigen symmetrischen Bruchlochwicklungen mit der gleichen Nutenzahl q je Pol und Phase und bezeichnet sie als erweiterte Wicklungen, die durch Aneinanderreihen von Urwicklungen entstehen.

Um immer mit der erweiterten Nutenzahl und Polpaarzahl rechnen zu können, schreiben wir daher bei den erweiterten Wicklungen

$$q = \frac{N}{2p \cdot m} = \frac{N_U \cdot t'}{2p_U \cdot t' \cdot m}$$

und bei den Urwicklungen (t' kürzt sich heraus)

$$q = \frac{N_U}{2\,p_U \cdot m}$$

Daraus ergibt sich die Beziehung

$$N = N_U \cdot t' = \text{erweiterte Nutenzahl}$$
$$2p = 2p_U \cdot t' = \text{erweiterte Polzahl}$$

Für die Ermittlung von q ist es an sich also gleichgültig, welche Formel man benutzt. Zur Ableitung von wichtigen Beziehungen benützen wir aber die Urwicklungsformel. Bei der Bruchlochwicklung ist die Nutenzahl q je Pol und Phase eine gebrochene Zahl. Man kann q in eine ganze Zahl g (auch Null möglich) und in einen echten Bruch $\frac{\text{Zähler}}{\text{Nenner}} = \frac{z}{n}$ zerlegen und schreibt mit $\frac{N_U}{2 \cdot m} = \gamma_U$

$$q = \frac{N_U}{2p_U \cdot m} = \frac{\gamma_U}{p_U} = \frac{Z}{n} = g + \frac{z}{n} = \text{gebrochene Zahl,} \tag{10}$$

wobei der kleinste Nenner n von q die Polpaarzahl p_U der Urwicklung ist. In diesem Falle hat z und n keinen gemeinsamen Teiler (nicht kürzbar), und es ist daran die Urwicklung erkennbar. Zum Beispiel ist bei $N = 120$, $p = 8$, $m = 3$

$$q = \frac{N}{2p \cdot m} = \frac{N_U}{2p_U \cdot m} = \frac{\gamma_U}{p_U}\frac{5}{2} = g + \frac{z}{n} = 2 + \frac{1}{2}.$$

Da 5/2 außer 1 keinen gemeinsamen Teiler hat, ist $n = p_U = 2$. Die Spulenanzahl je Phase der Urwicklung $\gamma_U = 5$ oder

$$\gamma_U = q \cdot p_U \text{ oder } \gamma_U = g \cdot p_U + z = g \cdot n + z = 5$$

Mit $n = p_U$ und der vorhin angegebenen Beziehung $2p = 2p_U \cdot t'$ ergibt sich, daß $t' = 4$, weil

$$t' = \frac{2\,p}{2\,p_U} = \frac{p}{p_U} = \frac{p}{n}. \tag{11}$$

Es sind also vier Urwicklungen bzw. vier parallelschaltbare Wicklungszweige vorhanden. Wenn γ_U geradzahlig ist, sind auch $2t'$-fache Parallelschalt-Möglichkeiten gegeben (vgl. Abb. 143).

Die Zweischichtwicklung hat bei gleicher Nutenzahl die doppelte Spulenanzahl von der Einschichtwicklung, und es lauten die Bedingungen für die Ausführbarkeit allgemein

$$\gamma = \frac{N}{m} \text{ und } \frac{N}{t \cdot m} = \text{ganzzahlig}$$

Somit ergibt sich mit der Urwicklungsformel

$$q = \frac{N_U}{2p_U \cdot m} = \frac{\gamma_U}{2\,p_U} = \frac{Z}{n} = g + \frac{z}{n} = \text{gebrochene Zahl} \tag{12}$$

Der kleinste Nenner n von q bestimmt die Polzahl der Urwicklung, und zwar wie folgt:

1) n = gerade Zahl ergibt $2p_U = n$
2) n = ungerade Zahl ergibt $2p_U = 2n$

Diese Bedingung ist dadurch gegeben, daß die Urwicklung nur aus einer ganzen Zahl von Polpaaren bestehen kann bzw. die gesamte Polzahl der Urwicklung eine gerade Zahl sein muß.

Zum Beispiel ist bei $N = 162$, $p = 6$, $m = 3$

$$q = \frac{N}{2\,p \cdot m} = 4{,}5 = \frac{9}{2} = g + \frac{z}{n} = 4 + \frac{1}{2}.$$

Da bei 9/2 der Nenner n = gerade Zahl, ist $n = 2p_U = 2$ (vgl. Punkt 1), somit $p_U = 2/2 = 1$.

Nach Punkt 1) und $2p = 2p_U \cdot t'$ ergibt sich, daß $t' = 6$, weil

$$t' = \frac{2p}{2p_U} = \frac{2p}{n} \tag{13}$$

Nach Punkt 2) und $2p = 2p_U \cdot t'$ würde sich ergeben, daß

$$t' = \frac{2p}{2p_U} = \frac{2p}{2n} = \frac{p}{n} \tag{14}$$

Es ist auch üblich, für die Ausführbarkeits-Bedingung $N/t \cdot m$ zu schreiben:

$$a = \frac{p}{n} \text{ und } a = \frac{2\,p}{n} = \text{ganze Zahl}$$

b) Herleitung von Bruchlochwicklungen aus Ganzlochwicklungen

Durch Hinzufügen oder Weglassen von Teilspulen entsteht aus der Ganzlochwicklung eine symmetrische Bruchlochwicklung auf folgende Weise.

1. Beispiel mit Drehstrom-Einschichtwicklung ($N = 24$, $p = 2$, $q = 2$) Die Abb. 62 zeigt davon eine Zweiebenenwicklung, wobei jede Phase aus zwei Gruppenspulen besteht. Da $q = 2$ entfallen auf jede Gruppenspule zwei Nutspulen. Entfernt man die Nutspulen 1—8, 9—16 und 17—24, dann vermindert sich die Nutenzahl um 6 Nuten.

1) Mit — 6 Nuten ist $q = 18/12 = 1^1/_2$

2) Mit + 6 Nuten ist $q = 30/12 = 2^1/_2$

Man kann nämlich an denselben Stellen die Wicklung auch um 3 Nutspulen vermehren. Da in beiden Fällen $N/2 \cdot m$ und $N/t \cdot m$ ganze Zahlen ergeben, ist die Symmetrie gewährleistet, wobei bei 1) und 2) $t = 2$.

2. Beispiel mit Drehstrom-Einschichtwicklung ($N = 24$, $p = 4$, $q = 1$) Es hat jede Phase vier Gruppenspulen. Da $q = 1$ besteht jede Gruppenspule G aus einer Nutspule. Vermehrt man je Phase

1) eine G-Spule um eine Nutspule, dann ist $q = 30/24 = 1^1/_4$

2) zwei G-Spulen um eine Nutspule, dann ist $q = 36/24 = 1^1/_2$

3) drei G-Spulen um eine Nutspule, dann ist $q = 42/24 = 1^3/_4$

In allen Fällen ist die Symmetrie gegeben, weil bei 1) mit $t = 2$, bei 2) mit $t = 4$ und bei 3) mit $t = 2$ die Bedingungen, $N/2 \cdot m$ und $N/t \cdot m$ müssen ganzzahlig sein, erfüllt werden.

3. Beispiel mit Drehstrom-Zweischichtwicklung ($N = 24$, $p = 4$, $q = 1$) Bei dieser Wicklung belegt eine Spulenseite nur die halbe Nut, weshalb man, um zu einer Ganzlochwicklung je Phase eine Spule anfügen zu können, statt 6 nur 3 Nuten benötigt.

Mit + 3 Nuten ist $q = 27/24 = 1^1/_8$

Da $t = 1$ ist und N/m sowie $N/t \cdot m$ ganzzahlig sind, ist diese Wicklung auch phasenrein bzw. symmetrisch.
Nachstehend werden noch bei den häufigst vorkommenden Wicklungen mit einer ungeraden Polpaarzahl die Ausführungsmöglichkeiten behandelt.

4. Beispiel mit Drehstrom-Einschichtwicklung ($N = 24$, $p = 1$, $q = 4$, Abb. 71)
Es besteht jede Phase aus zwei Halbgruppenspulen. Es ist keine Bruchlochwicklung möglich, denn

mit $+ 6$ Nuten ist $q = 30/6 = 5$ eine ganze Zahl und
mit $- 6$ Nuten ist $q = 18/6 = 3$ eine ganze Zahl

Dasselbe gilt natürlich auch für eine Wicklung mit Ganzgruppenspulen (vgl. Abb. 46).

5. Beispiel mit Drehstrom-Zweischichtwicklung ($N = 24$, $p = 1$, $q = 4$)

1) Mit $+ 3$ Nuten ist $q = 27/6 = 4^1/_2$ und
2) mit $- 3$ Nuten ist $q = 21/6 = 3^1/_2$

Da N/m und $N/t \cdot m$ ganzzahlig sind ($t = 1$ in beiden Fällen) sind diese Wicklungen auch phasenrein.

6. Beispiel mit Drehstrom-Einschichtwicklung ($N = 18$, $p = 3$, $q = 1$, Abb. 67)

Mit $+ 6$ Nuten ist $q = 24/18 = 1^1/_3$

Da aber $N/t \cdot m = 24/3 \cdot 3 = 2^2/_3$ keine ganze Zahl ist, ist diese Wicklung nicht symmetrisch auslegbar. Im Abschnitt VII (Abb. 130 ... 134) wird gezeigt, wie man auf einfache Weise auch diese unsymmetrische Wicklung entwerfen kann.

7. Beispiel mit Drehstrom-Zweischichtwicklung ($N = 18$, $p = 3$, $q = 1$)

Mit $+ 3$ Nuten ist $q = 21/18 = 1^1/_6$

Da aber $N/t \cdot m = 21/3 \cdot 3 = 2^1/_3$, ist auch auf diese Weise eine Symmetrierung nicht gegeben. In diesem Falle ist dieses Verfahren nicht anwendbar; es setzt voraus, daß die Polpaarzahl p ein Mehrfaches von 3 ist.

c) Entwurf einer Zweischicht-Bruchlochwicklung mittels einer Spulen-Aufteilungsmethode

Die Aufgabe besteht nun darin, die Wicklungsaufteilung so durchzuführen, daß alle Gruppenspulen mit der ungleichen Anzahl von Einfachspulen möglichst gleichmäßig auf die einzelnen Polpaare bzw. am Ankerumfang aufgeteilt werden. Denn bei den Bruchlochwicklungen haben die einzelnen Gruppenspulen eine ungleiche Anzahl von Einfachspulen, weil q keine ganze Zahl ist und die Gruppenspulen allgemein mit einer ganzen Anzahl von Einfachspulen ausgeführt werden. Der Unterschied an Einfachspulen wird aber in der Regel nur eine Einfachspule betragen.

Ist beispielsweise bei einer 8poligen Dreiphasenwicklung $q = g + \frac{z}{n} = 2 + \frac{1}{4}$, dann wird bei $z = 1$ Gruppenspule von $\frac{1}{4}$ um $^3/_4$ ergänzt und bei $n - z = 4 - 1 = 3$ Gruppenspulen um je $^1/_4$ vermindert, d. h. das bei einem Teil von Gruppenspulen Dazugegebene ($+ ^3/_4$) wird beim restlichen Teil von Gruppenspulen wieder weggenommen (— ¾). Auf diese Weise bleibt die Anzahl der Einfachspulen unverändert, und es ergibt sich daraus die einfache Beziehung:

$z = \ldots$ Gruppenspulen erhalten $g + 1$ Einfachspulen (A-Spulen),
$n - z = \ldots$ Gruppenspulen erhalten g Einfachspulen (B-Spulen).

Es ist also auch

$$\frac{z(g+1) + (n-z)g}{n} = \frac{g \cdot n + z}{n} = g + \frac{z}{n}.$$

Die $g \cdot n + z = Z$ Teilspulen je Phase für n-Pole (vgl. Gl. 10) sind also so zu ordnen, daß z (A-Spulen) und $n - z$ (B-Spulen) entstehen. Die Wicklungsaufteilung für alle 3 Phasen ist nun so durchzuführen, daß, wenn alle Nuten im Nutenplan dargestellt sind, die $t \cdot m$ $(A + B)$ Gruppenspulenseiten mit der ungleichen Anzahl von Einfachspulenseiten möglichst gleichmäßig auf die einzelnen Polpaare bzw. Ankerumfang aufgeteilt werden. Wicklungen mit dem Bruch ½ oder $z = 1$ sind noch gut vorstellbar und ohne ein weiteres Hilfsmittel darstellbar. Ist aber zum Beispiel $q = 4/5$ oder $1\frac{5}{13}$ usf., so fehlt schon das Anschauliche.

Der Vorgang bei der Auslegung wird an Hand eines Beispiels, und zwar für die Wicklung der Abb. 150 erläutert.

$g \cdot n + z = 5$ Einzelspulen je Phase und für n-Pole so zu gruppieren, daß

$z = (1)$ Gruppenspule mit $g + 1 = 3$ Teilspulen (A) und
$n - z = (1)$ Gruppenspule mit $g = 2$ Teilspulen (B)

entstehen. Es werden nun abwechselnd Gruppenspulenseiten, bestehend aus 3 und 2 Teilspulen (A und B Spulen) so aneinander gereiht, wie es Abb. 150 zeigt. Da $t = 2$, besteht der Nutenplan nur aus $N/t = 15$ ungleichphasigen Nuten, mit $m(A + B) = 6$ Gruppenspulenseiten, die in der Reihenfolge U, Z, V, X, W, Y zur Eintragung gelangen.

Ist bei einer Wicklung z. B. $q = 2\frac{1}{4}$, wie es beispielsweise bei einer 8poligen Dreiphasen-Zweischichtbruchlochwicklung mit 54 Nuten zutrifft, dann ist

$$q = \frac{9}{4} = 2\frac{1}{4} = g + \frac{z}{n}$$

und es sind $g \cdot n + z = 2 \cdot 4 + 1 = 9$ Einzelspulen je Phase und für n-Pole so zu gruppieren, daß

$z = 1$ Gruppenspule mit $g + 1 = 3$ Teilspulen (A) und
$n - z = 3$ Gruppenspulen mit $g = 2$ Teilspulen (B)

entstehen. Es werden nun die A- und B-Spulen so aneinandergereiht, wie es die Abb. 151 zeigt, wieder in der Reihenfolge U, Z, V, X, W, Y, und zwar folgen einer A-Spulenseite geschlossen 3 B-Spulenseiten, also A, B, B, B. Da $t = 2$ ist, besteht der Nutenplan aus $\frac{N}{t} = 27$ ungleichphasigen Nuten, so daß $m(A + B) = 12$ Gruppenspulenseiten zur Eintragung gelangen.

Wählt man eine $^3/_4$ Sehnung, dann ist der Nutenschritt

$$Y_N = \frac{N}{2p} \frac{3}{4} = 5, \text{ also 1 in 6}$$

und damit erhält man den Schaltplan der Abb. 151, in welchem die U-Phase geschaltet ist, und zwar in Reihe.

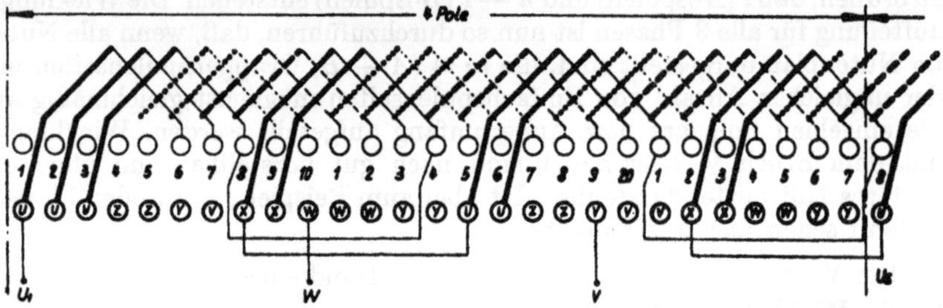

Abb. 151 Nuten- und Schaltplan

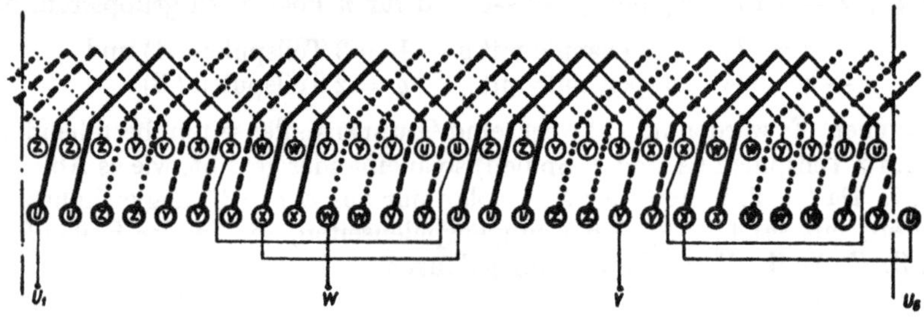

Abb. 152

Die Phasenanfänge sind symmetrisch auf die ersten 4 Pole verteilt, also $1 + 9 = 10 + 9 = 19$. Man kann sie auch auf ein Drittel des Umfanges verteilen, also $1 + 18 = 19 + 18 = 37$. Diese Beispiele zeigen, daß sich auch Zweischicht-Bruchlochwicklungen ohne Nutenstern bzw. ohne ein Hilfsmittel mühelos entwerfen lassen. Allgemein wird man die Anschreibung so durchführen, daß die A- und B-Spulen untereinander gleichmäßig verteilt sind, also etwa B, B, A, B, womit sich die Abb. 152 ergibt. Es hat sich dadurch in elektrischer Hinsicht nichts geändert, weil es bei $z = 1$ belanglos ist, wie man die Aufteilung vornimmt.

d) Entwurf von Zweischicht-Bruchlochwicklungen mittels Ziffernsystem.

Die Möglichkeit, eine Zweischicht-Bruchlochwicklung mit einem einfachen Nutenstern, der nur die oberschichtigen Gruppenspulenseiten enthält, darstellen zu können, erlaubt auch die Anwendung eines Ziffernsystems an Stelle des Nutensterns.

Eine einfache Entwurfsmethode für Zweischichtwicklungen ohne Nutenstern ergibt sich auch nach einem Vorschlag des Herrn Dipl.-Ing. Dr. Karl Vones mittels eines Ziffernsystems, wobei die Ziffern die Anzahl der positiven und negativen Spulenseiten (kurz Oberschichtspulenseiten) von den einzelnen Gruppenspulen angeben. Mit dieser Auslegungsart erhält man eine optimal symmetrische Wicklung, wobei symmetrisch aussagt, daß die einzelnen Phasenspannungen gleich groß und eine Zeitphasenverschiebung von $120°_{el}$ aufweisen. Unter optimal ist zu verstehen, daß die Spannungsvektoren einer Phase im Nutenstern nebeneinander liegen, womit sich der beste Zonenfaktor ergibt. Die Bedingungen für die Ausführbarkeit, wenn alle Nuten bewickelt sind, lauten

1. $\frac{N}{m}$ = ganze Zahl 2. $a = \frac{2p}{n}$ = ganze Zahl

3 m und n (teilerfremd).

Der Vorgang bei der Auslegung wird an Hand eines Beispieles, und zwar für die Wicklung der Abb. 150 erläutert. Da $= 2\frac{1}{2} = g + \frac{z}{n}$ ergeben sich bekanntlich

$$z = (1) \text{ Gruppenspule mit } g + 1 = 3 \text{ Teilspulen } (A) \text{ und}$$
$$n - z = (1) \text{ Gruppenspule mit } g = 2 \text{ Teilspulen } (B).$$

Die Spulenseiten von A und B werden im Ziffernplan so aneinandergereiht, wie es die Abb. 154 zeigt. Es sind also in diagonaler Richtung (Pfeile) die

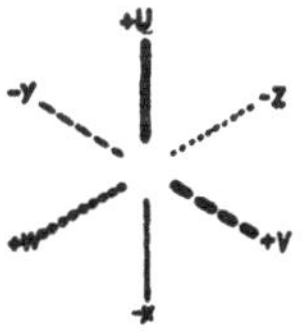

Abb. 153

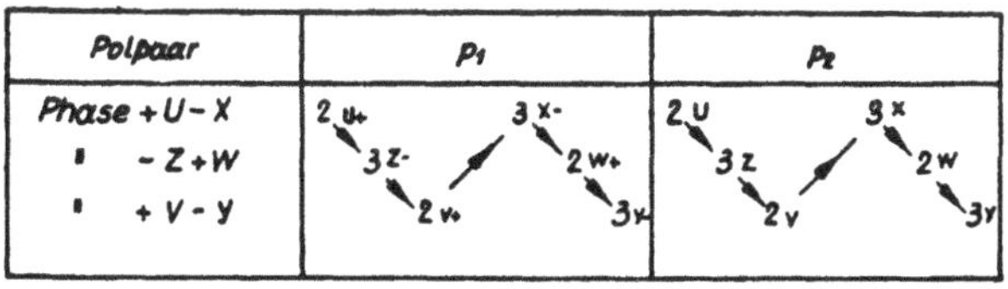

Abb. 154. Ziffernplan

oberschichtigen positiven und negativen Spulenseiten der einzelnen Gruppenspulen so anzuordnen, wie sie am Ankerumfang nebeneinander zu liegen kommen (Abb. 153). Es ist dies wieder die Reihenfolge $+U$, $-Z$, $+V$, $-X$, $+W$, $-Y$.

Die zu einer Phase gehörigen Spulenseiten liegen in den einzelnen Zeilen und es muß bei richtiger Auslegung die Summe der Ziffern je Zeile ΣZ_i mal a, dividiert durch die Polzahl $2p$, die Bruchlochzahl q ergeben, also

$$q = \frac{\Sigma Z_i \cdot a}{2p} = \frac{\Sigma Z_i \cdot 2p/n}{2p} = \frac{\Sigma Z_i}{n}, \tag{15}$$

wenn der Ziffernplan nur für N/a Nuten erstellt wird. Wenn der Nutenplan für alle Nuten gezeichnet ist, dann ist

$$q = \frac{\Sigma Z_i}{2p}. \tag{16}$$

Damit ergibt sich aus Abb. 154 die Bruchlochzahl zu

$$q = \frac{1}{4} = 2\tfrac{1}{2}.$$

Die Zuordnung aller oberschichtigen Spulenseiten in den Nutenplan erfolgt in der im Ziffernplan angegebenen Reihenfolge, d. h. im Nutenplan erscheint die diagonale Ziffernreihenfolge als gestreckte Buchstabenfolge, wobei die Anzahl der gleichartigen Buchstaben die Anzahl der Teilspulen je Gruppenspule, also q, angibt (Abb. 150). Die unterschichtigen Gruppenspulenseiten werden zwangsläufig wieder mit dem Nutenschritt (Abb. 150) zugeordnet.

Es kann z. B. für eine Wicklung mit dem Zähler $z = 5$ die Auslegung so vorgenommen werden, wie es das folgende Beispiel zeigt, wenn man berücksichtigt, daß die A- und B-Spulen möglichst gleichmäßig am Ankerumfang zu verteilen sind. Der besseren Übersicht wegen wird auch für die weitere Austeilung der Wicklung immer der Ausdruck $g + \frac{z}{n}$ benutzt.

Beispiel mit einer Zweischicht-Dreiphasenbruchlochwicklung mit $N = 108$; $2p = 26$; $p = 13$; $m = 3$

$$q = \frac{N}{2p \cdot m} = 1{,}385 = 1{,}385 \cdot \frac{p}{p} = \frac{18}{13} = 1\frac{5}{13} = 1 + \frac{5}{13},$$

wobei z und n keinen gemeinsamen Teiler mehr haben.

Kontrolle auf Ausführbarkeit:

$$\gamma = \frac{N}{m} = 36; \; a = \frac{2p}{n} = 2.$$

Mit $q = g + \frac{z}{n} = 1 + \frac{5}{13}$ ergeben sich für jede Phase und n-Pole

$z = 5$ Gruppenspulen mit $g + 1 = 2$ Teilspulen (A-2er-Spulen),
$n - z = 8$ Gruppenspulen mit $g = 1$ Teilspule (B-1er-Spulen).

In Ziffern ausgedrückt

$5A$	$8B$
2 2 2 2 2	1 1 1 1 1 1 1 1

Zwischen die 5 A-Gruppenspulen sind die 8 B-Gruppenspulen möglichst gleichmäßig aufzuteilen, also

$$\frac{8}{5} = 1\frac{3}{5} = 1 + \frac{3}{5}.$$

Man bildet daher 5 B-Blöcke mit verschiedenen Einheiten und zwar:

$$\begin{aligned} z &= 3 \text{ Blöcke mit } g + 1 = 2\text{-}B\text{-Einheiten und} \\ n - z &= 2 \text{ Blöcke mit } g \quad\;\; = 1\text{-}B\text{-Einheit.} \end{aligned}$$

Somit stehen den gleichmäßigen 5 A-Gruppenspulen bereits 5 B-Gruppenspulen, aber ungleiche, gegenüber. Wenn die 2er-Einheiten übereinander $\begin{smallmatrix}1\\1\end{smallmatrix}$ angeschrieben werden, ergibt sich:

$$\begin{matrix} 5A \\ 2\;2\;2\;2\;2 \end{matrix} \qquad\qquad \begin{matrix} & & 5B & & \\ 1 & 1 & 1 & & \\ & & & 1 & 1 \\ 1 & 1 & 1 & & \end{matrix}$$

Es sind nun die 3 B'-Blöcke mit den 2er-Einheiten und die 2 B-Blöcke mit den 1er-Einheiten noch untereinander möglichst gleichmäßig aufzuteilen, d. h. es ist noch die günstigste Folge zu bestimmen. Mit

$$\frac{3}{2} = 1\frac{1}{2} = 1 + \frac{1}{2}$$

erhält man

$$\begin{aligned} z &= 1 \text{ Folge mit } g + 1 = 2\text{-}B\text{-Einheiten und} \\ n - z &= 1 \text{ Folge mit } \quad\;\; g = 1\text{-}B\text{-Einheit.} \end{aligned}$$

Somit

$$\begin{matrix} 5A \\ 2\;2\;2\;2\;2 \end{matrix} \qquad\qquad \begin{matrix} & & 5B & & \\ 1 & 1 & & 1 & \\ & & 1 & & 1 \\ 1 & 1 & & 1 & \end{matrix}$$

Schiebt man die B-Spulen in der ermittelten Reihenfolge zwischen die A-Spulen, dann erhält man mit

$$\begin{matrix} A & B' & A & B' & A & B & A & B' & A & B \\ & 1 & & 1 & & & & 1 & & \\ 2 & & 2 & & 2 & 1 & 2 & & 2 & 1 \\ & 1 & & 1 & & & & 1 & & \end{matrix}$$

die endgültige Reihenfolge für den Ziffernplan der Abbildung 155. Es braucht der Ziffernplan nur für die halbe Polzahl gezeichnet werden, also für $\frac{2p}{2} = 13$ Pole oder für $\frac{p}{2} = 6\frac{1}{2}$ Polpaare p'. Die Eintragung der 13 Gruppenspulen in diagonaler Richtung (Pfeile) ist so oft durchzuführen, bis der Ziffernplan (Abb. 155) ausgefüllt ist. Es sind dies $m\,(A + B + B')$ $= 3(5 + 2 + 3 \cdot 2) = 39$ Gruppenspulen. Die zu einer Phase gehörigen oberschichtigen positiven und negativen Gruppenspulenseiten, also $+ U - X$ oder $- Z + W$ oder $+ V - Y$ liegen in den einzelnen Zeilen nebeneinander und es muß die Bruchlochzahl, bei richtiger Auslegung, nach Gl. 15

$$q = \frac{\Sigma Z_i \cdot a}{2p} = \frac{\Sigma Z_i}{n} = \frac{18}{13} = 1\frac{5}{13}$$

sein. Trägt man alle oberschichtigen Gruppenspulenseiten des Ziffernplanes im Nutenplan auf bekannte Art ein, dann erhält man die Abb. 156 mit der oberschichtigen Buchstabenfolge. Die unterschichtigen Gruppenspulenseiten sind in derselben Reihenfolge und sinngemäßen Bezeichnung, jedoch um den Nutenschritt versetzt, einzutragen. Wählt man eine $\frac{3}{4}$ Sehnung, dann ist der Nutenschritt $Y_N = \frac{N}{2p} \cdot \frac{3}{4} \approx 3$, also 1 in Nut 4 und es erfolgt die Eintragung zwangsläufig so wie es die Abb. 156 für die erste Wicklungshälfte veranschaulicht. Der besseren Übersicht wegen ist nur die Phase $U - X$ geschaltet.

Die Aufteilung der Phasenanfänge kann auf mehrfache Weise erfolgen, es ist aber am einfachsten, wenn man in jedes Polpaar einen Wicklungsanfang verlegt. Zum Beispiel

Phase U in $p1$ und Nut 1,
Phase V in $p2$ und Nut 12,
Phase W in $p3$ und Nut 23,

womit auch die Wicklungsenden $X - Y - Z$ zwangsläufig gegeben sind.

Die zugehörige Felderregerkurve, die mittels des im Abschnitt IIj angegebenen Verfahrens ermittelt wird, hat die Form nach Abb. 157. Sie veranschaulicht, daß trotz der kleinen Nutenzahl q je Pol und Phase die Spannungskurve nur schwach unregelmäßig ist (ungleiche Polflüsse) und fast sinusförmig verläuft. Es wurde der Augenblick gewählt, in welchem der Strom

$$\text{in Phase } U = +\,100\% = 1$$
$$\text{in Phase } V = -\;\;50\% = \frac{1}{2}$$
$$\text{in Phase } W = -\;\;50\% = \frac{1}{2}$$

ist. Nachstehend wird zur Kontrolle noch der Nutenstern gezeichnet. Er wird, da $t = 1$ ist, für alle Nuten gezeichnet, somit $\alpha_N = t\,\frac{360}{N} = \frac{360}{108} = 3\frac{1}{3}$ Grad

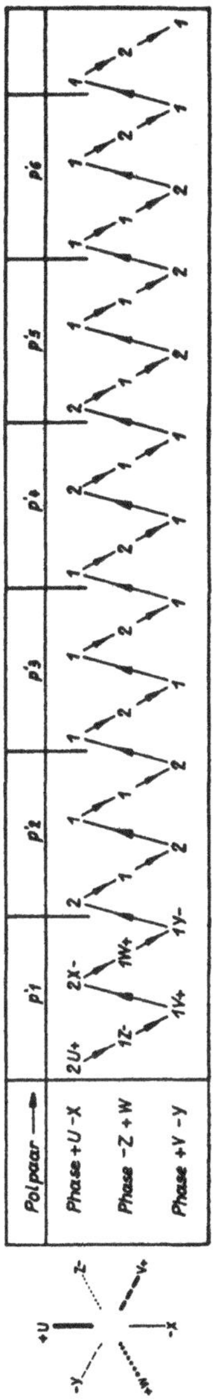

Abb. 155. Ziffernplan oder Diagonalschema

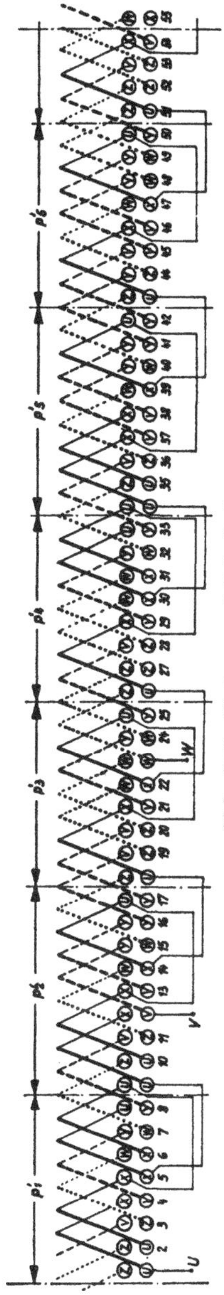

Abb. 156. Nuten- und Schaltplan

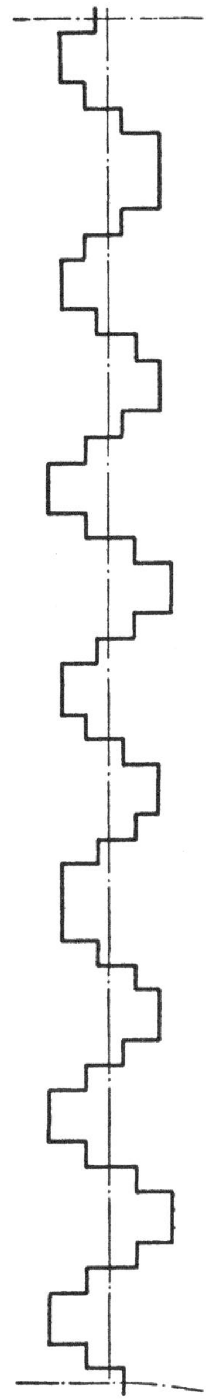

Abb. 157. Felderregerkurve

und $\alpha_e = p\,\frac{360}{N} = 13\,\frac{360}{108} = 43\,\frac{1}{3}$ Grad. Weiter ist $\frac{\alpha_e}{\alpha_N} = \frac{43\frac{1}{3}}{3\frac{1}{3}} = 13$, d. h. die fortlaufenden Nummern des Ankers liegen im Nutenstern um 13 Nuten auseinander und die gleichsinnigen Spulenseiten der Wicklung liegen so numeriert im Nutenstern nebeneinander, wie sie am Ankerumfang zu verteilen sind (Abb. 158). Die Wicklung ist richtig ausgelegt, weil alle gleichsinnigen Spulenseiten, also alle U, Z, V, X, W und Y geschlossen nebeneinander zu liegen kommen.

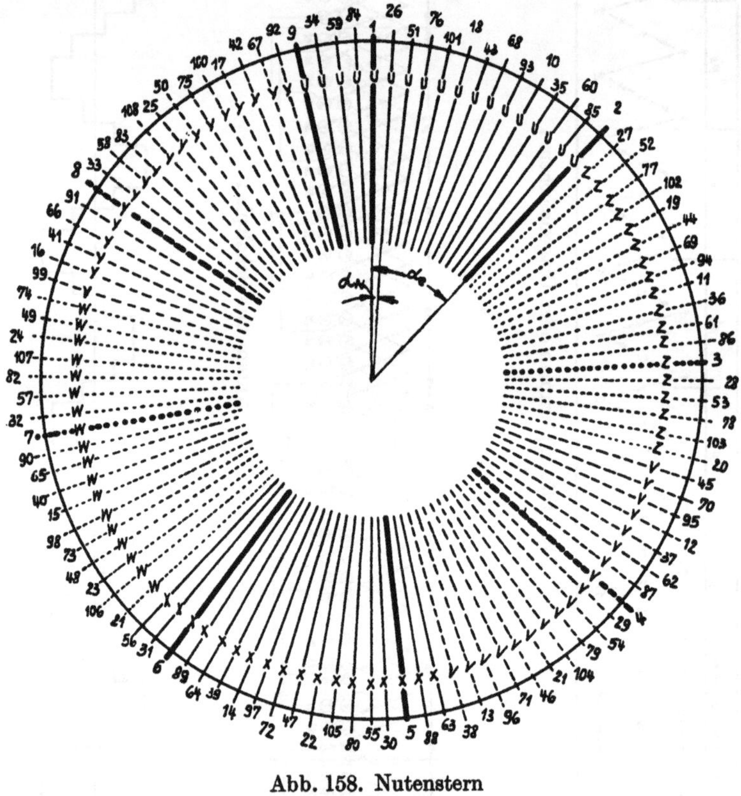

Abb. 158. Nutenstern

e) Sinn der Bruchlochwicklung

Diese Wicklung wird hauptsächlich bei Maschinen mit einer kleinen Nutenzahl q je Pol und Phase, die mitunter kleiner als „Eins" wird, angewandt, oder bei großen Wechselstromgeneratoren zum Zwecke der Verbesserung der Spannungskurve (Unterdrückung der Oberwellen). Die Bruchlochwicklung ist immer eine gesehnte Wicklung, weshalb sie sich hinsichtlich des Wicklungsfaktors so ähnlich verhält wie eine Sehnenwicklung. Es wird aber der Wicklungsfaktor der Grundwelle meistens nur wenig, oft vernachlässigbar, vermindert und der der Oberwellen stärker, wodurch auch die von den Oberwellen induzierten Spannungen vermindert werden. Auch die Nutoberwellen werden stark unterdrückt, allgemein um so mehr, je größer der Nenner in der q-Formel und je feiner die Nutung ist.

XI. Wicklungsfaktoren der Oberwellen

a) Wicklungsfaktoren der Grundwelle (verkürzte Wiedergabe aus IV)

Die Höhe der induzierten Spannung in der Ankerwicklung ist u. a. noch vom Wicklungsfaktor, der sich aus Zonen- und Sehnungsfaktor zusammensetzt, abhängig. Bei einer Wicklung mit $q = 1$ als Nutenzahl je Pol und Phase liegen alle Leiter einer Gruppenspulenseite in einer Nut und es ist der Zonenfaktor $\xi_z = 1$, weil in allen Leitern eine gleich große Spannung im gleichen Zeitaugenblick induziert wird. Ist jede Gruppenspule auf mehrere Nuten verteilt, dann wird ξ_z immer kleiner als „Eins", weil die Spannungen in den Teilspulen einen Phasenunterschied aufweisen und die geometrische Summe immer kleiner ist als die durch die algebraische Addition erhaltene.

Den Zonenfaktor erhält man auf folgende Art genügend genau:

Man nimmt an, daß die q-Nuten je Pol und Phase so dicht am Ankerumfang nebeneinander liegen, daß sie einen Bogen bilden, dann ist die Wicklung natürlich am schlechtesten ausgenützt. Bei einer zweipoligen Dreiphasenmaschine bedeckt dann jede Gruppenspulenseite $1/3$ eines Poles (60° räumlich), d. h. die Wicklung ist über eine bestimmte Zone verteilt und es ist dieser Fall in Abb. 159 skizziert. Demnach ist der Zonenfaktor

$$\xi_z = \frac{s}{b} = \frac{\text{Sehne}}{\frac{\text{Umfang}}{6}} = \frac{6 \cdot r}{2 \cdot r \cdot \pi} = \frac{3}{\pi} \approx 0{,}955, \tag{17}$$

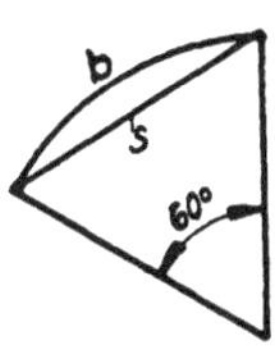

Abb. 159

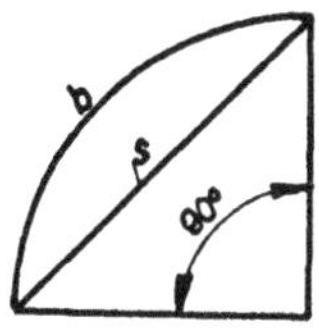

Abb. 160

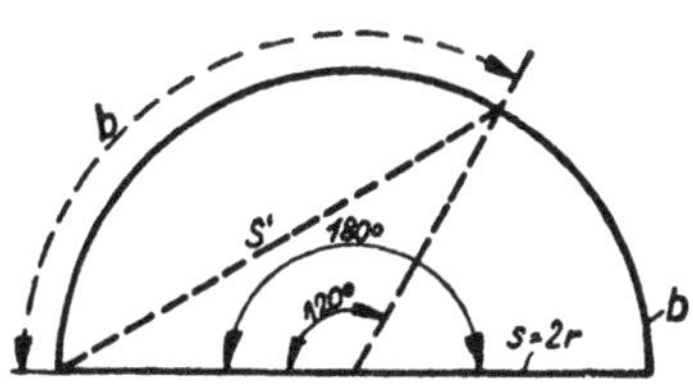

Abb. 161

weil die Sehne vom $^1/_6$-Bogen gleich r ist. Bei einer Dreiphasenwicklung mit $q = 2$ ist der tatsächliche Zonenfaktor $\xi_z = 0{,}966$ und mit $q = 20$ ist

$\xi_z = 0{,}956$, d. h. die Nutenzahl q je Pol und Phase hat fast keinen Einfluß, weshalb man praktisch bei Dreiphasenwicklungen mit $q \geqq 2$ mit $\xi_z = 0{,}96$ rechnet. Die Abb. 160 zeigt das Diagramm für die Ermittlung des Zonenfaktors für die Zweiphasenwicklung $\xi_z = \frac{2\sqrt{2}}{\pi} \approx 0{,}9$ und die Abb. 161 für die Einphasenwicklung $\xi_z = \frac{2}{\pi} \approx 0{,}637$, wenn alle Nuten bewickelt sind. Für eine Einphasenwicklung mit $^1/_3$ leeren Nuten (gestrichelt) ist $\xi_z \approx 0{,}83$.

Ist die Wicklung außerdem noch gesehnt, ist also die Spulenweite W kleiner als die Polteilung τ, dann wird die induzierte Spannung noch kleiner und es wird diese Verminderung durch den Sehnungsfaktor ξ_s berücksichtigt.

Der Sehnungsfaktor ist durch das Verhältnis

$$\frac{\text{Sehne}}{\text{Durchmesser}} = \frac{s}{d} = \xi_s$$

gegeben und man kann auch schreiben

$$\xi_s = \cos\frac{\beta}{2} \tag{18}$$

$$\beta = p\,\frac{360^\circ}{N}\,\varepsilon'. \tag{19}$$

Mit $\varepsilon = \frac{W}{\tau} = \frac{\text{Spulenweite}}{\text{Polteilung}}$ ist die Sehnung bezeichnet und mit ε' die Sehnung in Nuten. Hat z. B. eine zweipolige Wicklung 36 Nuten, dann ist bei einer ungesehnten Wicklung der Nutenschritt $Y_N = \frac{N}{2\,p} = 18$ und bei der 2/3 gesehnten Wicklung ist $Y'_N = \frac{N}{2p} \cdot \varepsilon = \frac{36}{2} \cdot \frac{2}{3} = 12$. Somit ist die Wicklung um $Y_N - Y'_N = 18 - 12 = 6$ Nuten gesehnt und

$$\beta = p\,\frac{360^\circ}{N} \cdot \varepsilon' = \frac{360}{36} \cdot 6 = 60^\circ \text{ und } \frac{\beta}{2} = 30^\circ.$$

b) Wicklungsfaktoren der Oberwellen

Die Grundwellen eines Drehstromgenerators sind um 120° gegeneinander versetzt. Die Oberwellen haben einen Phasenwinkel mit dem n-fachen Wert, wenn man mit n die Ordnungszahl der Oberwellen bezeichnet, wobei unter Ordnungszahl n das Verhältnis der Oberwellenfrequenz f_n zur Grundwellenfrequenz f_1, also $n = \frac{f_n}{f_1}$ zu verstehen ist.

Auf die Ausbildung von Oberwellen hat auch die Generatorschaltung, die im Stern oder Dreieck erfolgen kann, einen Einfluß.

1. Verhältnisse bei der Sternschaltung (Gegenschaltung)

Bei der Grundwelle ist die verkettete Spannung $E_v = E_{ph} \cdot \sqrt{3}$, wobei E_{ph} die Phasenspannung ist (Abb. 162a).

Die dritte Oberwelle kann bei der Dreiphasenwicklung nicht zur Wirkung kommen, weil der Phasenwinkel $3 \cdot 120° = 360°$ beträgt und in den einzelnen Phasen phasengleiche Spannungen induziert werden. Somit ist die 3. Oberwelle nur in der Phasenspannung enthalten, aber nicht in der verketteten Spannung (Abb. 162b).

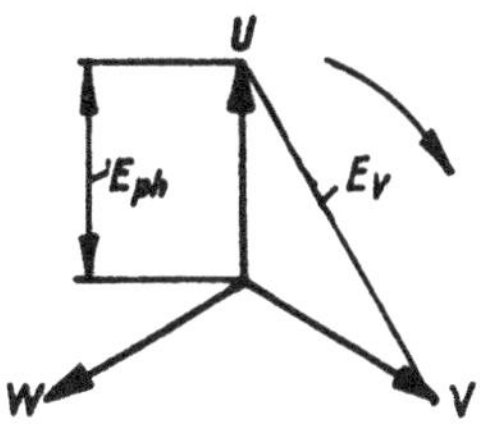

Abb. 162a

Abb. 162b

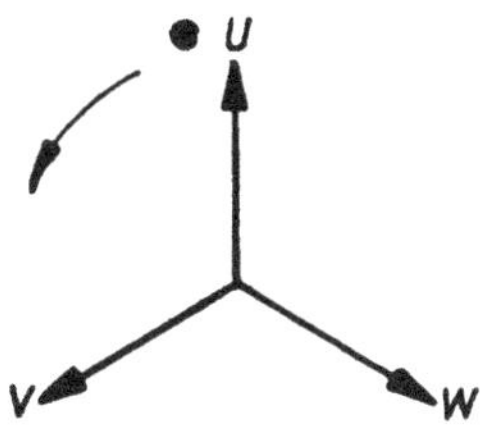

Abb. 162c

Bei der 5. Oberwelle beträgt der Phasenwinkel $5 \cdot 120° = 600°$, also $360° + 240°$, somit wechseln die Zeiger V und W die Lage und es entsteht ein System, das sich in entgegengesetzter Richtung bewegt (Abb. 162c).

Bei der 7. Oberwelle beträgt der Phasenwinkel 840°, also $2 \times 360° + 120°$, somit ist die Zeigerlage wieder wie bei Abb. 162a.

2) Verhältnisse bei der Dreieckschaltung (Reihenschaltung)

Die Abb. 163 zeigt die Verhältnisse bei der Dreieckschaltung. Da die Oberwellen 3. Ordnung wieder gleichphasig sind (Abb. 163b), entsteht durch die Reihenschaltung ein Kurzschluß- oder Ausgleichsstrom mit der 3-fachen Periodenzahl. Diese schädliche Erscheinung wird bei der Dreieckschaltung durch eine entsprechende Wicklungssehnung (2/3 Sehnung, darüber später) behoben. Im übrigen wie bei Abb. 162.

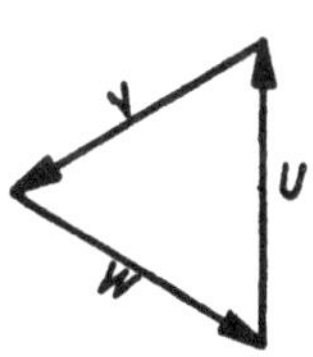

Abb. 163a

Abb. 163b

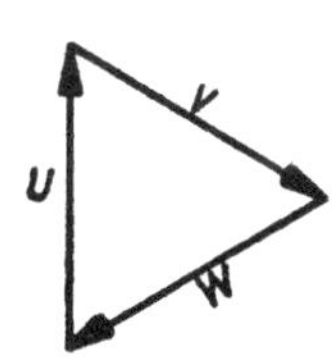

Abb. 163c

Der Wicklungsfaktor für die Oberwellen kann auf dieselbe Art ermittelt werden wie für die Grundwelle. Nimmt man wieder an, daß die q-Nuten ganz dicht nebeneinander liegen, also $q = \infty$, dann erhält man für die 3. Oberwelle die Abb. 164 und es ist der Zonenfaktor

$$\xi_{z3} = \frac{s}{b} = \frac{\text{Sehne}}{\text{Umfang}/2} = \frac{2 \cdot r}{2 \cdot r \cdot \pi/2} = \frac{2}{\pi} \approx 0{,}637 \tag{20}$$

Für die 5. Oberwelle erfolgt die Ermittlung des Zonenfaktors nach Abb. 165 und für die 7. Oberwelle nach Abb. 166

$$\xi_{z5} = \frac{s}{b} = \frac{r}{2 \cdot r \cdot \pi \cdot 5/6} = \frac{3}{5 \cdot \pi} \approx 0{,}191 \tag{21}$$

$$\xi_{z7} = \frac{s}{b} = \frac{r}{2 \cdot r \cdot \pi \cdot 7/6} = \frac{3}{7 \cdot \pi} \approx 0{,}136. \tag{22}$$

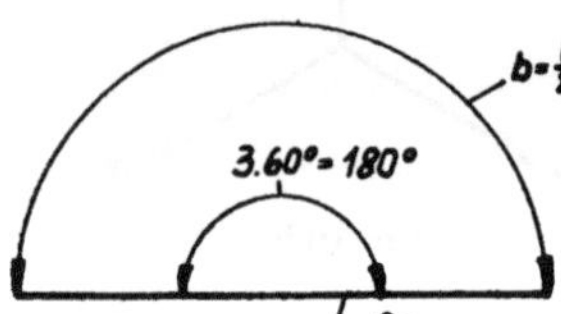

Abb. 164

Die Zone und damit s und b ändern sich daher mit der Ordnungszahl n, d. h. der elektrische Winkel vergrößert sich n-mal, wodurch sich für die Oberwellen der wesentlich kleinere Wicklungsfaktor ergibt. Außerdem stellt eine große Nutenzahl q je Pol und Phase ein wirksames Mittel zur Unterdrückung der Oberwellen bzw. Verbesserung der Spannungskurve dar, was die Tabelle 4 auf Seite 158, die auch die Ober-

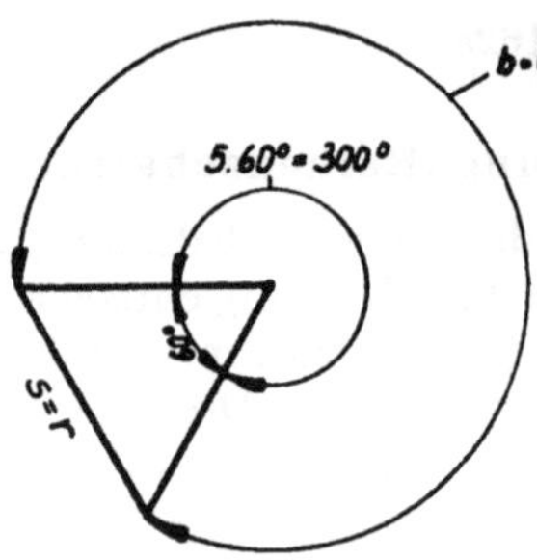

Abb. 165

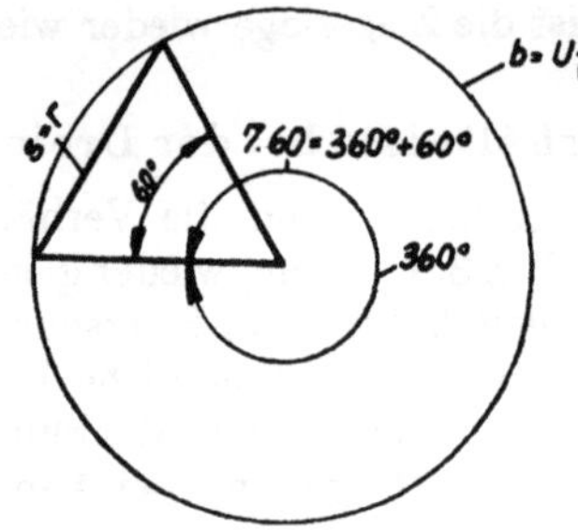

Abb. 166

wellen-Wicklungsfaktoren enthält, veranschaulicht. Ein Vergleich zeigt, daß von $q = 2$ aufwärts der Wicklungsfaktor der Grundwelle nur unwesentlich verändert wird, hingegen der Wicklungsfaktor der Oberwellen aber stark von q beeinflußt wird.

Ebenso wie der Wicklungsfaktor für die Oberwellen kleiner ist als für die Grundwelle, wird auch der Sehnungsfaktor für die Oberwellen kleiner. Für die Grundwelle war $\xi_s = \cos\frac{\beta}{2}$ und für die Oberwellen n ist

$$\xi_{sn} = \cos\left(n\frac{\beta}{2}\right) \tag{23}$$

Mit der Sehnung wird nicht nur eine Verminderung der Oberwellen-Wicklungsfaktoren erzielt, sondern es lassen sich damit auch bestimmte Oberwellen-Wicklungsfaktoren und damit die Oberwellenspannungen auf Null bringen. Es wird dies offensichtlich dann der Fall sein, wenn

$$\cos\left(n\frac{\beta}{2}\right) = 0 \tag{24}$$

$$\text{und daher } n\frac{\beta}{2} = 90^\circ$$

ist. Will man also z. B. bei einer 2-poligen Dreiphasenwicklung mit 36 Nuten, die in Dreieck geschaltet wird, die 3. Oberwelle zum verschwinden bringen, dann ist nach Gleichung (19) und (24)

$$\beta = p \cdot \frac{360^\circ}{N}\varepsilon' = \frac{180^\circ}{n} = \frac{180^\circ}{3} = 60^\circ \text{ und } \varepsilon' = \frac{60^\circ \cdot N}{p \cdot 360^\circ} = \frac{6}{1} = 6,$$

d. h. die Wicklung muß um 6 Nuten gesehnt werden. Der Nutenschritt ist dann statt $Y_N = \frac{N}{2 \cdot p} = 18$; $Y_N' = 18 - 6 = 12$. Der Sehnungsfaktor für die 3. Oberwelle

$$\xi_{sn} = \cos\left(n\frac{\beta}{2}\right) = \cos\left(3\frac{60}{2}\right) = \cos 90^\circ = 0.$$

Durch diese Sehnung wird auch der Wicklungsfaktor der Grundwelle kleiner und es ist der Grundwellen-Sehnungsfaktor nach Gl. (18)

$$\xi_s = \cos\frac{\beta}{2} = \cos 30^\circ \approx 0{,}866.$$

Dadurch vermindert sich beim Generator die Spannung um rd. 15%, weshalb die Leiterzahl um 15% zu erhöhen ist. Der Kupferaufwand bleibt ungefähr derselbe, weil die Spulenköpfe durch die Sehnung stark verkürzt werden. Es vergrößert sich daher nur das gesamte Nutvolumen um 15%.

Bei den Bruchlochwicklungen bestimmt man die Wicklungsfaktoren angenähert auf dieselbe Art. Da q eine gebrochene Zahl ist, kommen die zu einer Phase gehörigen Spulenseiten unter den Polen in eine ungleiche Lage, wodurch Phasenverschiebungen in den einzelnen Spulenseiten untereinander auftreten, die kleiner sind als zwischen zwei Nuten. Es ist also so, als ob zwischen den Nuten noch andere dazwischen geschoben wären, was sich wie eine vergrößerte Nutenzahl q je Pol und Phase auswirkt. Dadurch verschlechtert sich der Zonenfaktor bei der Grundwelle nur wenig (meistens vernachlässigbar klein), weil sich zwischen $q = 2$ und $q = 20$ der Zonenfaktor, wie bereits erwähnt, nur wenig ändert und man begeht keine groben Fehler, wenn man bei Bruchlochwicklungen für die Grundwelle allgemein bei q ist größer als 2, den Zonenfaktor 0,95 einsetzt. Der Zonenfaktor der Oberwellen wird aber wieder stärker vermindert; ein Vorteil der Bruchlochwicklung. Der Effektivwert der induzierten Spannung wird durch die Oberwellen praktisch nicht beeinflußt, weshalb die Oberwellenspannungen in der Spannungsformel nicht berücksichtigt werden. Im Abschnitt IV werden die Wicklungsfaktoren sehr ausführlich behandelt.

In den nachstehenden Tabellen sind für die gebräuchlichsten Wicklungen die Wicklungsfaktoren zusammengestellt.

Tabelle 4

q =	1	2	3	4	∞
ξ_{z1} =	1·–	0,966	0,96	0,958	0,955
ξ_{z3} =	1·–	0,707	0,667	0,653	0,637
ξ_{z5} =	1·–	0,259	0,217	0,204	0,191
ξ_{z7} =	1·–	0,259	0,178	0,157	0,136

Zonenfaktoren für normale 3-Phasenwicklungen

Tabelle 5

q =	2	4	6	8	∞
ξ_{z1} =	0,866	0,837	0,831	0,83	0,827
ξ_{z3} =	–	–	–	–	–
ξ_{z5} =	0,866	0,224	0,188	0,178	0,165
ξ_{z7} =	0,866	0,224	0,154	0,137	0,118

Zonenfaktoren für normale 1-Phasenwicklungen. Nur 2/3 Nuten bewickelt

Bei der Einphasenwicklung (IV) alle Nuten bewickelt und bei der Gleichstromwicklung ist der Zonenfaktor

$$\xi_{z1} = \frac{\text{Sehne}}{\frac{\text{Umfang}}{2}} = \frac{2r}{\frac{2r \cdot \pi}{2}} = \frac{2}{\pi} \approx 0{,}637\,,$$

weil jede Spulenseite bzw. jeder Ankerzweig über eine ganze Polteilung verteilt ist und die Sehne von einem $\frac{1}{2}$ Bogen $2r$ ist. Bei der Zweiphasenwicklung (1) ist der Zonenfaktor

$$\xi_{z1} = \frac{\text{Sehne}}{\frac{\text{Umfang}}{4}} = \frac{2 \cdot \sqrt{2}}{\pi} \approx 0{,}9\,.$$

In Tabelle 3 sind für die gebräuchlichsten Sehnungen noch die Faktoren zusammengestellt. Die Tabelle 1 enthält die λ-Werte (Cosinuswerte), die für die Ermittlung der Sehnungsfaktoren benötigt werden (siehe Seite 98).

Verwendete Formelzeichen

A, a und α = Alpha

A = Ampere
A = Strombelag
a = halbe Anzahl der parallelen Ankerzweige
$2a$ = Anzahl der parallelen Ankerzweige
a = ganze Zahl
$\alpha \cong 0.7 = \frac{\text{Polbogen}}{\text{Polteilung}}$ = Polbedeckungsfaktor

B

B = magnetische Induktion (Felddichte) B_l = Felddichte im Luftspalt

C, c

C = Kapazität
c = Anzahl der parallel gewickelten Leiter
c_s = Anzahl der parallel geschalteten Spulen je Phase oder Wicklungsstrang

D und δ = Delta

D = Durchmesser
δ = Luftspalt

E, e und ε = Epsilon

E = induzierte Spannung
E_0 = Stegspannung im Leerlauf
E_b = Stegspannung bei Belastung
e_r = Stromwendespannung (Spannung der Ruhe)
e_b = Spannung der Rotation oder Bewegung
$\frac{W}{\tau} = \varepsilon$ Sehnung (Abweichung der Spulenweite von der Polteilung)

F, f

F = Fläche
f = Frequenz

G, g und γ = Gamma

G = Anzahl der Gruppenspulen
g = ganze Zahl
γ = Anzahl der Einfach- oder Nutenspulen je Phase oder die Anzahl der gleichsinnigen Spulenseiten je Phase

η = Eta

η = Wirkungsgrad

J

J = Netzstrom (bei Dreieckschaltung $J_1 \cdot \sqrt{3}$)
J_1 = Phasenstrom (der in der Wicklung fließende Strom)
J_A = Anlaufstrom

K

K = Stegzahl

L, l

L = Lage (bei Schleifringläufer-Stabwicklungen wird ein Ober- und ein Unterstab als eine Lage bezeichnet)
l = Ankereisenlänge

m

m = Phasen- oder Strangzahl
m = Gangzahl einer mehrgängigen Wicklung

N, n

N = Leistung
n = Nenner eines Bruches
n_s = synchrone Drehzahl

p und π = Pi

p = Polpaarzahl
$2p$ = Polzahl
π = 3,14

q

q = Anzahl der bewickelten Nuten je Pol und Phase
q = Leiterquerschnitt

R

R = Wirkwiderstand

S

S = Stromdichte

t und τ = Tau

τ = Polteilung
t = größter gemeinsamer Teiler von Nuten- und Polpaarzahl
t' = Faktor für Urwicklungsanzahl

U, u

U = Netzspannung
U_p = Phasenspannung
u = Anzahl der in einer Nutenschichte nebeneinanderliegenden Spulenseiten

V

V = Volt

W, w

W = Spulenweite
w_1 = Anzahl der in Reihe geschalteten Windungen je Phase
w_s = Windungszahl einer Ankerspule

X und ξ = xi

X = Blindwiderstand
ξ = Wicklungsfaktor (ξ_z = Zonenfaktor, ξ_s = Sehnungsfaktor)

Y, y (bei Wechselstromwicklungen)

Y_N = Nutenschritt
y und y' = Wicklungsschritte beim Stabanker
y_p = Gleichpolschritt bei Bruchlochwicklung

y (bei Gleichstromwicklungen)

y_N = Nutenschritt
y_1 = erster Teilschritt
y_2 = zweiter Teilschritt oder Schaltschritt
y_s = resultierender Wicklungs- oder Stegschritt
y_v = Potentialschritt oder Ausgleichsverbinderschritt

z

z = Zähler eines Bruches
z_1 = Stabzahl aller Phasen (nur in Reihe geschaltete Stäbe)
z_n = Stabzahl je Nut
$z_s = \frac{z_n \cdot N}{2a}$ = die wirksame oder in Reihe geschaltete Ankerstabzahl bei Gleichstrom

Φ = Phi

Φ = Kraftlinien- oder Induktionsfluß

Literaturverzeichnis

[1] Th. Königshofer „Die Lichtbogen-Schweißmaschinen". 2. Auflage Technischer Verlag H. Cram, Berlin 30
[2] Th. Königshofer „Die praktische Berechnung elektrischer Maschinen". Technischer Verlag H. Cram, Berlin 30

Wickel-
probleme?
Unsere erfahrenen Fachingenieure stehen Ihnen gerne zur Verfügung. Für jede wickeltechnische Aufgabe wird Ihnen die bestgeeignete Micafil-Wickelmaschine empfohlen werden. Schreiben Sie uns bitte, wir beraten Sie gerne.
MICAFIL AG Zürich Schweiz

Berichtigungen:

Seite	Zeile			
127	7 von oben:	(II, A, n)	statt	(1)
136	6 von unten:	Abb. 145	statt	Abb. 28
138	8 von unten:	(V a)	statt	V
141	4 von unten:	$\frac{\gamma_U}{p_U} = \frac{5}{2}$	statt	$\frac{\gamma_U}{p_U} \frac{5}{2}$
158	5 von unten:	(IV a)	statt	(1)